"十四五"职业教育部委级规划教材

食品生物化学

Shipin Shengwu Huaxue

刘　静　杨玉红　张红娟◎主编

姜　曼　李　贞　车云波　朱建勇　刘铭轩◎副主编

中国纺织出版社有限公司

内 容 提 要

食品生物化学是学习其他专业课程的前提与基础。本教材主要内容包括水、矿物质、蛋白质、脂类、糖类、维生素、核酸、酶和物质代谢；介绍了食品成分的组成、结构、性质、生理功能及在加工、贮藏过程中化学变化规律和对食品营养价值的影响以及食品成分在人体内的物质代谢规律和能量变化。本书安排了 10 个实验实训，以便学生学习理论知识之后，进一步提高实际操作能力，为之后学习食品加工、保藏、检验技术提供基础。本书适合作为高等职业院校食品类专业的教材，同时也可供各类食品生产企业的相关专业人员参考。

图书在版编目（CIP）数据

食品生物化学 / 刘静，杨玉红，张红娟主编. -- 北京：中国纺织出版社有限公司，2022.3（2025.1重印）

"十四五"职业教育部委级规划教材

ISBN 978-7-5180-9086-0

Ⅰ.①食… Ⅱ.①刘… ②杨… ③张… Ⅲ.①食品化学—生物化学—高等职业教育—教材 Ⅳ.①TS201.2

中国版本图书馆 CIP 数据核字（2021）第 219752 号

责任编辑：国 帅 毕仕林 责任校对：寇晨晨
责任印制：王艳丽

中国纺织出版社有限公司出版发行
地址：北京市朝阳区百子湾东里 A407 号楼 邮政编码：100124
销售电话：010—67004422 传真：010—87155801
http://www.c-textilep.com
中国纺织出版社天猫旗舰店
官方微博 http://weibo.com/2119887771
三河市宏盛印务有限公司印刷 各地新华书店经销
2022 年 3 月第 1 版 2025 年 1 月第 2 次印刷
开本：787×1092 1/16 印张：12.25
字数：243 千字 定价：49.80 元

《食品生物化学》编委会成员

主　编　刘　静（内蒙古商贸职业学院）

　　　　杨玉红（鹤壁职业技术学院）

　　　　张红娟（杨凌职业技术学院）

副主编　姜　曼（济宁职业技术学院）

　　　　李　贞（内蒙古商贸职业学院）

　　　　车云波（黑龙江生物科技职业学院）

　　　　朱建勇（乌兰察布职业学院）

　　　　刘铭轩（内蒙古商贸职业学院）

参　编　（按姓氏笔画为序）

　　　　杨　希（安徽粮食工程职业学院）

　　　　张艳杰（河南农业大学食品科学技术学院）

　　　　姜　丽（新疆轻工职业技术学院）

　　　　段绪果（南京林业大学轻工与食品学院）

前　言

　　食品生物化学是食品类专业的一门必修课程,是学习各门专业课程的前提与基础,是化学与食品科学交叉的纽带。食品生物化学揭示食品的化学组成、结构、功能和理化性质,以及这些物质在人体内的化学变化和调节规律。其教学目标是使学生具有扎实的理论知识、综合分析和解决问题的能力、熟练的实验动手技能,为学生进一步学习食品加工与保藏技术提供必要的基础,同时也为学生今后从事食品加工、保藏和产品开发打下较为宽广的理论与技能基础。

　　在编写本教材的过程中,编者结合教学、科研及生产实践经验,查阅了大量相关资料,以食品工业生产所需知识为核心,以满足后续课程及生产需求为目标进行编写。教材中理论知识以“必需、够用、可发展”为度,实践环节突出重点与难点,侧重于系统性、应用性和可操作性,满足对技能型人才的培养要求。

　　本教材内容完整、浅显易懂、实用性强,在知识点拨中把相应复杂内容简化处理。教材共十个部分,包括绪论、水、矿物质、蛋白质、脂类、糖类、维生素、核酸、酶、物质代谢。编者把与各章相关的实验分散安排在相应章节之后,以便于巩固所学知识。

　　本教材由内蒙古商贸职业学院刘静、鹤壁职业技术学院杨玉红、杨凌职业技术学院张红娟任主编。具体编写分工如下:绪论、第四章由刘静编写,第一、二章由黑龙江生物科技职业学院车云波编写,第三章由乌兰察布职业学院朱建勇编写,第五章由杨玉红编写,第六章由内蒙古商贸职业学院李贞编写,第七章由济宁职业技术学院姜曼编写,第八章由张红娟编写,第九章由内蒙古商贸职业学院刘静、刘铭轩编写。全书由刘静整理并统稿。

　　本教材可作为高职高专食品类专业的教学用书,也可作为相关专业人员、教师、学生的参考用书。

　　本教材在编写过程中得到各编者所在院校及内蒙古谱尼测试技术有限公司有关专家的大力支持和帮助,在此表示衷心的感谢,并向有关参考文献的专家和作者表示衷心的感谢。

　　由于编者水平有限、时间仓促,教材中疏漏和不足之处,敬请同行专家和读者批评指正。

编　者

2021 年 9 月

目 录

绪论 ……………………………………………………………………………… （1）

第一章 水 ……………………………………………………………………… （4）

    第一节 水在生物体内的含量与作用 ……………………………………… （4）

    第二节 食品中水分的状态 ………………………………………………… （5）

    第三节 水分活度 …………………………………………………………… （7）

    第四节 水与食品加工及贮藏 ……………………………………………… （8）

第二章 矿物质 ………………………………………………………………… （12）

    第一节 概述 ………………………………………………………………… （12）

    第二节 食品中重要的矿物质 ……………………………………………… （14）

    第三节 矿物质在食品加工贮藏过程中的变化 …………………………… （17）

第三章 蛋白质 ………………………………………………………………… （20）

    第一节 概述 ………………………………………………………………… （20）

    第二节 氨基酸 ……………………………………………………………… （22）

    第三节 蛋白质的结构 ……………………………………………………… （28）

    第四节 蛋白质的性质及其应用 …………………………………………… （32）

    第五节 各类食品中的蛋白质 ……………………………………………… （38）

    第六节 蛋白质在加工贮藏过程中的变化 ………………………………… （41）

    实验实训一 蛋白质的性质实验 …………………………………………… （42）

    实验实训二 蛋白质两性性质及等电点的测定 …………………………… （44）

第四章 脂类 …………………………………………………………………… （48）

    第一节 概述 ………………………………………………………………… （48）

    第二节 脂肪 ………………………………………………………………… （50）

    第三节 磷脂 ………………………………………………………………… （56）

    第四节 固醇 ………………………………………………………………… （58）

    实验实训三 油脂酸价测定 ………………………………………………… （59）

第五章 糖类 …………………………………………………………………… （61）

    第一节 概述 ………………………………………………………………… （61）

    第二节 单糖 ………………………………………………………………… （62）

    第三节 低聚糖 ……………………………………………………………… （68）

    第四节 多糖 ………………………………………………………………… （71）

    实验实训四 糖的还原性实验 ……………………………………………… （75）

实验实训五 淀粉的提取和性质实验 ……………………………………………（76）

第六章 维生素 …………………………………………………………………（80）

第一节 概述 ………………………………………………………………………（80）

第二节 脂溶性维生素 ……………………………………………………………（81）

第三节 水溶性维生素 ……………………………………………………………（84）

第四节 维生素在食品加工和贮藏中的损失 ……………………………………（91）

第七章 核酸 …………………………………………………………………（94）

第一节 概述 ………………………………………………………………………（94）

第二节 核酸的组成 ………………………………………………………………（95）

第三节 核酸的结构 ………………………………………………………………（100）

第四节 核酸的性质 ………………………………………………………………（103）

第五节 核酸的分离提纯及应用 …………………………………………………（105）

实验实训六 新鲜动物肝脏中 DNA 的提取（浓盐法） ………………………（107）

实验实训七 紫外吸收法测定核酸含量 …………………………………………（109）

第八章 酶 ……………………………………………………………………（114）

第一节 概述 ………………………………………………………………………（114）

第二节 酶分子的结构 ……………………………………………………………（121）

第三节 酶的生物催化作用 ………………………………………………………（123）

第四节 食品中重要的酶类 ………………………………………………………（134）

实验实训八 酶的特性实验 ………………………………………………………（140）

实验实训九 淀粉酶活力的测定 …………………………………………………（145）

第九章 物质代谢 ……………………………………………………………（151）

第一节 生物氧化 …………………………………………………………………（151）

第二节 糖类的代谢 ………………………………………………………………（154）

第三节 脂类的代谢 ………………………………………………………………（165）

第四节 蛋白质的代谢 ……………………………………………………………（171）

第五节 核酸的代谢 ………………………………………………………………（176）

第六节 四类物质代谢之间的相互关系 …………………………………………（178）

第七节 动植物食品原料中组织代谢活动的特点 ………………………………（179）

实验实训十 脂肪转化为糖的定性实验 …………………………………………（183）

参考文献 ………………………………………………………………………（186）

绪　论

一、食品的概念及组成

1. 食品的概念

人类为满足机体需要,维持正常的生理功能而摄取含有各类营养素的物质称为食物。食物是维持人类生存和健康的物质基础。根据《中华人民共和国食品安全法》对"食品"的定义:食品,指各种供人食用或者饮用的成品和原料以及按照传统既是食品又是中药材的物品,但是不包括以治疗为目的的物品。该定义包括了食品和食物的所有内容,第一部分是指加工后的食物,即供人食用或饮用的成品;第二部分是指通过种植、饲养、捕捞和狩猎获得的食物,即食品原料;第三部分是指食药两用物品,即既是食品又是药品的动植物原料,但不包括药品。由此,可以把食品的定义简述为:食品是有益于人体健康并能满足食欲的物品。

2. 食品的成分及分类

生产食品的原料除极少数以外(如食盐),都来自动植物及食用菌。在食品的加工贮运过程中会增加一些外来成分。因此一般可以将食品的组成成分划分为内源性物质成分和外源性物质成分两大部分。其中,内源性物质成分是食品本身所具有的成分,而外源性物质成分则是食品从加工到摄食全过程中人为添加或无意混入的其他成分。

根据食品成分的营养特性,也可以将食品的成分大致分为六大类,即:蛋白质、脂类、糖类(亦称碳水化合物)、矿物质、维生素和水。

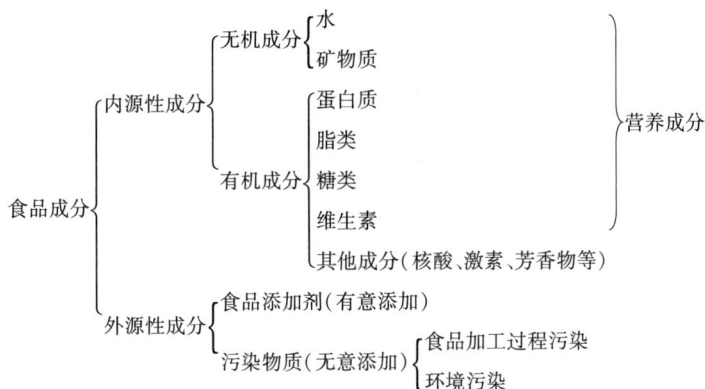

二、食品生物化学的研究对象、内容

人类的食物来源于生物。把化学科学的研究应用到生物学科中,形成以研究生物体的化学组成和生物体在生存发展过程中发生的化学变化为主要内容的生物化学学科。把生物化学的研究应用到食品科学的领域,形成了食品生物化学学科。食品科学是应用基础科学及工程知识来研究食品的物理、化学、生化性质及食品加工原理的学科。而食品生物化学是食品科学中的一个重要分支,包括了生物化学、食品化学、营养学的内容,是一门综合性的年轻学科。

1. 食品生物化学的研究对象

食品生物化学研究的基本对象是食品,是研究食品成分的组成、结构、性质、功能及其在人体内的代谢规律,在加工、贮藏过程中化学变化规律的一门学科。它研究的不仅是食品本身,还要考察食品在加工、贮运、代谢过程中的变化规律。

2. 食品生物化学的研究内容

①食品的组成成分、主要结构、性质及生理功能。

②食品在加工、贮藏过程中成分的变化及其对食品营养价值的影响。

③食品的动态生物化学过程。以代谢途径为中心,研究食品成分在人体内的分解、合成、相互转化又相互制约,以及物质转化过程中的能量转化。

三、课程性质、作用

食品生物化学是食品类专业的一门重要的专业基础课、必修课程,是学习各门专业课程的前提与基础。

随着生活水平不断提高,人们需要有更多更好的营养、保健食品以及方便食品。食品资源的开发加工方法的研究、贮藏方式的选择等,都必须建立在对人类食品体系的化学组成、性质以及在生物体内外各种条件下的化学变化规律的深入了解的基础上。因此食品生物化学是食品科学体系中很重要的一门基础学科。通过学习,可具备扎实的理论知识、综合分析和解决问题的能力、熟练的实验动手技能,为进一步学习食品加工、保藏、检验技术提供必要的基础。所以,作为食品专业的学生,必须学习并且要学好这门课程。

四、食品生物化学的学习方法

1. 明确课程的知识体系

食品生物化学涉及面广,要明确课程的知识体系。本门课程可划分为三个部分。第一部分主要学习食品中的主要成分,即水、矿物质、蛋白质、脂类、糖类、维生素、核酸的组成、结构、性质及在食品加工、贮藏中的变化。第二部分学习有关酶的知识,绝大多数的酶是蛋白质,少数是核酶。课程在学习蛋白质和核酸之后安排酶,便于更好地认识酶。物质代谢离不开酶的催化。因此第二部分是起到与其他两部分的衔接作用。第三部分是动态生物化学过程,以代谢途径为中心,研究食品成分在人体内的物质变化规律及伴随的能量变化。

2. 善于归纳总结,在理解的基础上加强记忆

要善于对所学习的内容进行分析比较和归纳总结,针对不同的知识点找出其共性与特性,使知识系统化、条理化。对重要的部分应在理解的基础上加强记忆,达到得心应手,游刃有余的状态。

3.注重理论联系实际

与其他自然科学一样,食品生物化学是一门实验科学。理论联系实验实训实际,可以提高分析问题和解决问题的能力,做到学中用、用中学,不断增强学习兴趣与信心;还要联系生产、生活实际,注重所学知识在专业、生活实践中的应用。

第一章　水

学习目标

1. 掌握水在食品中的存在状态。
2. 理解水分活度的概念。
3. 了解水分含量、水分活度对食品品质的影响。

第一节　水在生物体内的含量与作用

水（H_2O）是由 H、O 两种元素组成的无机物，在常温常压下为无色无味的透明液体。其相对密度为 0.99987（0℃），沸点为 100℃，冰点为 0℃。在自然界中，水以气态、液态或固态存在。当形成固态（结冰）时，密度将减小，体积增大。水是最常见的物质之一，可以溶解许多物质，是最重要的溶剂，是包括人类在内的所有生命生存的重要资源，也是生物体最重要的组成部分。

在生物体所含的无机物中，以质量计，水分含量最高，平均含量为 65%～90%。在不同机体或同一机体的不同器官中，水的含量有很大差别。例如，人体各部分的含水量中，骨骼为 22%，肌肉为 76%，脑为 70%～84%，心脏为 79%，肝脏为 70%，皮肤为 72%，血液为 83%。体内水的含量也因年龄而不同，例如：4 个月的胎儿含水量为 91%，成人则为 65%。有些海栖动物如水母 96%～99% 是由水组成的。幼嫩植物含水约 70%，细菌孢子含水约 10%。

水分子为极性分子，具有沸点高、比热容大、蒸发焓大（蒸发焓指在一个等压蒸发过程中需要吸收的热量），以及能溶解许多物质的特性。这些特性对于维持生物体的正常生理活动有着重要的意义。由于水分子极性大，还能使溶解于其中的许多物质解离成离子，因此有利于体内化学反应的进行。不仅如此，水还直接参加水解、氧化还原反应等。

由于水溶液的流动性大，水在体内还起运输物质的作用，将吸收的营养物质运输到各组织，并将组织中产生的废物运输到排泄器官，排出体外。水的比热容大，1 g 水升高 1℃需要 4.18 J 热量，比同量其他液体所需的热量要多，因而水能吸收较多的热量而本身温度升高不多。水的蒸发焓大，1 g 水在 37℃时完全蒸发需要吸热 2399.3 J，所以蒸发少量的汗就能散发大量的热。而且水能随血液迅速分布全身，因此水对于维持机体温度的稳定有很大的作用。此外，水还有润滑作用，对于植物来说，水分能保持植物的固有的形态，植物的液泡里含有大量水，可维持细胞的紧张度，使植物枝叶挺立，便于接受阳光和交换气体，这样才能保证良好地生长发育。

第二节 食品中水分的状态

新鲜的动物、植物组织和一些固体食物中常含有大量水分,但在切开时一般不会大量流失,这是因为食品中的水不是单独存在的,它会与食品中的其他成分发生化学或物理作用,使水分子被截留。按照食品中的水与其他成分之间相互作用的强弱,将食品中的水分成结合水和自由水(表1-1)。

表1-1 食品中水的分类与特征

分 类		特 征	食品中比例
结合水	化合水	食品非水成分的组成部分	<0.03%
	邻近水	与非水成分的亲水基团强烈作用形成单分子层;水—离子以及水—偶极结合	0.1%~0.9%
	多层水	在亲水基团外另外形成的分子层;水—水以及水—溶质结合	1%~5%
自由水	自由流动水	自由流动,性质同稀的盐溶液,水—水结合为主	5%~96%
	滞化水和毛细管水	于凝胶或基质中,水不能流动,性质同自由流动水	5%~96%

一、结合水

结合水又称束缚水、固定水,通常是指存在于溶质或其他非水组分附近的、与生物大分子之间通过物理化学方式结合的那部分水。根据结合水被结合的牢固程度的不同,结合水又可分为化合水、邻近水和多层水。

1. 化合水

化合水是结合得最牢固的,构成非水物质组成的那些水,以 OH^-、H^+ 或 H_3O^+ 等形式存在于化合物中。

2. 邻近水(单分子层水)

邻近水占据着非水成分的大多数亲水基团的第一层位置,例如与离子或离子基团相缔合的水。

3. 多层水

多层水是指位于以上所说的第一层中剩下的位置以及在邻近水的外层形成的几层水,虽然结合程度不如邻近水,但仍然与非水组分紧密结合,其性质不同于纯净水。食品中大部分的结合水是和蛋白质、碳水化合物和果胶等相结合的。

二、自由水(游离水)

自由水指没有与非水成分结合的水。它又可分为3类:滞化水、毛细管水和自由流动水。

1. 滞化水

滞化水是指被组织中的显微和亚显微结构与膜所阻留住的水,由于这些水不能自由流动,所以称为滞化水,例如一块重100 g的动物肌肉组织中,总含水量为70~75 g,含蛋白质20 g,除去近10 g结合水外,还有60~65 g的水,这部分水中极大部分是滞化水。

2. 毛细管水

毛细管水是指食品中由于天然形成的毛细管而保留的水分,是存在于生物体细胞间隙的水。在生物组织中,毛细管水又称细胞间水,其物理和化学性质与滞化水相同。

3. 自由流动水

自由流动水是指动物的血浆、淋巴和尿液,植物的导管和细胞内液泡中的水,因为都可以自由流动,所以叫作自由流动水。

三、结合水和自由水的区别

结合水和自由水之间的界限很难定量地作截然的划分,只能根据物理、化学性质做定性的区别(表1-2)。

①结合水的量与食品中所含极性物质的量有比较固定的关系,如100 g蛋白质大约可结合50 g的水,100 g淀粉的持水能力在30~40 g。

表1-2 食品中水的性质

性　质	结　合　水	自　由　水
一般描述	存在于溶质或其他非水组分附近的水,包括化合水、邻近水及几乎全部多层水	位置上远离非水组分,以水-水氢键存在
冰点(与纯水比较)	冰点大为降低,甚至在-40℃不结冰	能结冰,冰点略微降低
溶剂能力	无	大
高水分食品中占总水分比例	<5%	5%~96%
微生物利用性	不能	能

②结合水对食品品质和风味有较大的影响,当结合水被强行与食品分离时,食品质量、风味就会改变。

③结合水的蒸汽压比自由水低得多,所以在100℃下结合水不能从食品中分离出来。

④结合水不易结冰(冰点约为-40℃),这种性质使得植物的种子和微生物的孢子得以在很低的温度下保持其生命力;而多汁的组织在冰冻后细胞结构往往被结合水的冰晶所破坏,解冻后组织不同程度地崩溃。

⑤结合水不能作为可溶性成分的溶剂,也就是说丧失了溶剂能力。

⑥自由水可被微生物所利用,结合水则不能。

第三节　水分活度

一、水分活度的概念

水分活度(A_w)是指溶液中水蒸气分压(P)与纯水饱和蒸汽压(P_0)之比。水分活度也可用平衡相对湿度(ERH)来表示,即食品的水分活度在数值上等于平衡相对湿度除以100。平衡相对湿度是指物料吸湿与解吸达到平衡时的大气相对湿度。

$$A_w = \frac{p}{p_0} = \frac{ERH}{100}$$

对于纯水而言,P 与 P_0 值相等,因此 A_w 值为 1。然而食品中水分含有无机盐和有机物,其 P 值小于 P_0,故 A_w 值总小于 1。由此可见,食品中水分活度与其组成有关。

如果某食品置于一个密封的容器内,待达到平衡(试样衡重)后测定容器内的相对湿度,若容器内相对湿度为85%,则水分活度为 0.85。一般来说,水分活度越高,自由水的含量越多,食品也就越易腐败变质。A_w 值对评估食品的耐藏性及指导人们控制食品的 A_w 值达到杀菌保存的目的具有重要的意义。

二、水分活度与食品的稳定性

各种食品在一定的条件下都有一定的水分活度,食品中微生物的生长繁殖和生物化学反应也需要在一定的水分活度范围内才能进行。因此,了解微生物、生物化学反应所需要的水分活度值,可预测食品的耐藏性,减少食品的腐败变质。

1. 水分活度对微生物生长繁殖的影响

食品在贮存和销售过程中,微生物可能在食品中生长繁殖,影响食品质量,甚至产生有害物质。食品中各种微生物的生长繁殖,是由其水分活度而不是由其含水量所决定的。当水分活度低于某种微生物生长所需的最低水分活度时,这种微生物就不能生长。不同的微生物生长都有其适宜的水分活度范围,其中细菌对低水分活度最敏感,酵母菌次之,霉菌的敏感性最差。各种微生物的活动的 A_w 阈值(最小值)如下:细菌 ≥ 0.90,酵母 ≥ 0.88,霉菌 ≥ 0.80。同一种微生物在不同溶质的水溶液中生长所需的 A_w 是不同的,如金黄色葡萄球菌生长的 A_w 阈值在乳粉中是 0.861,而在酒精中则是 0.973。

2. 水分活度对食品质构的影响

食品的品质除与它本身的组织结构和成分有关外,水是影响其品质的最主要因素之一。食品中水的含量、分布和状态会对食品的结构、外观、质地、风味、新鲜度产生极大的影响。一般的蔬菜、水果组织结构松脆,含水量多,就显得鲜嫩多汁,一旦失去一部分水分,组织细胞内的压力降低,蔬菜就会枯萎、皱缩和失重,水果表面干瘪,其食用价值就会下降。水分活度对干燥和半干燥食品的质构有较大的影响,水分活度为 0.4~0.5 时,肉干的硬度及耐嚼性最大,增加水分含量,肉干的硬度及耐嚼性都降低。

要想保持饼干、爆玉米及油炸土豆片的脆性,避免糖粉、奶粉以及速溶咖啡结块、变硬、发黏,都需要使产品具有相当低的水分活度。要保持干燥食品的理想性质,水分活度不能超过 0.35~0.5。对含水量较高的食品(蛋糕、面包等),为避免失水变硬,需要保持相当高的水分活度。

3. 水分活度对酶促反应的影响

当 A_w 小于 0.80 时,导致食品原料腐败的大部分酶会失去活性,如酚氧化酶和过氧化物酶、维生素 C 氧化酶、淀粉酶等。然而,即使在 0.1~0.3 这样的低 A_w 下,脂肪氧化酶仍能保持较强活力。例如 20℃时贮藏的大麦粉和卵磷脂的混合物,在低 A_w 下基本不发生酶解反应;在贮藏 48 d 后,当 A_w 上升到 0.7 时,该食品的脂酶解反应速率迅速提高。

4. 水分活度对食品中非酶促化学变化的影响

在食品中还存在着氧化、非酶褐变等化学变化。对高水分活度的食品采用热处理的方法可避免微生物腐败的危险,然而化学腐败仍然不可避免。

A_w 对脂肪氧化酸败有重要影响。富含脂肪的食品很容易受空气中的氧、微生物的作用而发生氧化酸败。食品中的 A_w 对脂肪氧化酸败的影响明显地不同于对其他化学反应的影响,较为复杂。从 A_w 极低开始,脂肪氧化速率随着水分的增加而降低。这是因为当 A_w 很低时,食品中的水与过氧化物结合,防止了它的分解,同时这部分水也可以与金属离子水合,降低了它们催化的效率,因而影响了氧化反应的进行;在 A_w 为 0.3~0.4 时氧化速率最慢;当 A_w 大于 0.4 时,氧在水中的溶解度增加,并使含脂食品膨胀,暴露了更多的易氧化部位,从而加速了脂肪氧化速率;若再增加 A_w,又稀释了反应体系,反应速率又开始降低。因此,为了防止氧化,维持适当的 A_w 是非常重要的。

最常见的非酶褐变是美拉德反应,A_w 在 0.6~0.7 最容易发生非酶褐变。食品中水分在一定的范围内时,非酶褐变随着 A_w 的增加而加速,随着 A_w 降低褐变受到抑制;当 A_w 降到 0.2 以下,褐变难以进行。

第四节　水与食品加工及贮藏

一、水在食品加工中的作用

1. 溶剂作用

(1)作为反应介质参与反应

食品加工过程中,原料的各种成分发生的大部分物理或者化学变化,都是在水溶液中进行的,这时水作为介质能加快反应的进行。有时水还作为反应物质参与反应的进行,如水解反应等。

(2)综合风味

水作为溶剂可以溶解很多物质,起到综合风味的作用。这些物质包括营养物质、风味物质甚至异味和有害物质等。它们有的含在食品的细胞内或组织结构中间,有的在食品加工或保藏中产生,例如畜肉中含有低肽、氨基酸、低分子含氮有机物、单糖、双糖、低级有机酸、维生素、矿物质等水溶性物质。在水中加工肉制品时,其细胞破裂,结构松散,水溶性成分溶出,与加热过程中产生的风味物质和调味品中的水溶性物质混在一起,构成肉特有的香味。

（3）去除异味和有害物质

有些异味物质和有害物质可以在水中溶解去除,有的也可以被水破坏除掉。利用这些原理,常用浸泡、焯水等方法除掉异味和有害物质。例如,鲜黄花菜中含有对人体有害的秋水仙碱,它可以溶于水。将鲜黄花菜在水中浸泡 2 h 或者用热水烫焯,便可去除其中的秋水仙碱。

水作为溶剂,在食品加工中也有某些消极作用。例如,一些水溶性的营养物质和风味物质被水溶解后,如果加工方法不当,会造成流失,这是应当引起注意的。

2. 浸涨剂作用

浸涨是高分子化合物干凝胶如淀粉、蛋白质等在水中浸泡引起体积增大的现象。浸涨后的物质比其在浸涨前更容易受热、酸、碱和酶的作用,所以更容易被人体消化吸收,但也容易被细菌或其他不正常环境因素破坏而腐败变质,故干货原料应当随发随用。

3. 传热介质作用

作为液体,水具有较大的流动性,同时,水的黏性小,沸点又相对较低,而且渗透力强,因此是食品理想的传热介质。

在加热时,受热水分子的运动很剧烈,可以通过水分子的运动和对原料的撞击传递热量。在各种食品加工方法中,水的多种作用不是截然分开的,往往是同时存在的。

二、水与食品的贮藏

1. 食品贮藏中水分活度的控制与应用

大多数食品腐败变质是由微生物的作用引起的。微生物的生长与繁殖必须有充足的水分。因此,为了防止食品的腐败变质,常采用控制水分的方法。

由于低水分活度条件下食品的贮藏性较好,所以对那些季节性强、不宜存放的食品常采用降低水分活度的方法进行贮藏,如利用浓缩或脱水干燥法除去食品中的水分。常用的干燥方法有喷雾干燥、流化床干燥、泡沫干燥、冷冻干燥、日晒、烟熏等,以真空冷冻干燥效果最优。常用的浓缩方法有蒸发、冷冻浓缩、膜渗透等,或利用盐、糖等来调节食品的水分活度,如糖渍、盐渍。

2. 冻藏

动物性食品保藏一般采用冷藏和冻藏的方法。

一般冻藏有慢冻和速冻两种方法。由于冻结的速率缓慢,慢冻的肉形成的冰晶数量少而且比较大,冰晶膨胀作用大,破坏了肌肉纤维的组织结构。解冻时,融化后的水不能全部渗入肌肉内部,甚至由于组织结构的破坏,一部分肉汁从组织内部流出,使肉的营养和风味受到影响,肉的质量也随之下降。肉的速冻是将肉置于$-23 \sim -33℃$的低温环境中,肉汁中的水迅速冻结的过程。由于冻结速率快,形成的冰晶数量多,颗粒小,在肉组织中分布比较均匀,又由于小冰晶的膨胀力小,对肌肉组织的破坏很小,解冻融化后的水可以渗透到肌肉组织内部,所以肉基本上能保持原有的风味和营养价值。

速冻的肉解冻时一定要采取缓慢解冻的方法,冻结肉中的冰晶逐渐融化成水,让水基本上渗透到肌肉组织中去,尽量不使肉汁流失,以保持肉的营养和风味。如果高温快速融化,肉汁来不及向肌肉内部组织渗透而流失,使肉的品质下降。用冰箱或冷藏柜存放食品,肉冻结的温度不够低,形成的晶粒粗而少。为了避免肉质的下降,在加工前可提前把肉从冰箱取出,利用空气解冻,避免肉汁过多流失。冻结肉不能用自来水冲洗,更不可用热水浸泡,否则解冻时间虽短,但肉汁流失太多,肉质下降。商业冷冻温度一般为$-18℃$。

【思考与练习】

一、单项选择题

1. 当水形成固态(结冰)时,密度将减小,体积( )。

    A. 减少   B. 增大   C. 不变   D. 不确定

2. 在生物体所含的无机物中,以质量计,( )含量最高。

    A. 糖类   B. 脂肪   C. 蛋白质   D. 水分

3. 一般来说,食品的含水量越高,水分活度( )。

    A. 相等   B. 越小   C. 越大   D. 不变

4. 水作为溶剂可以溶解很多物质,起到( )风味的作用。

    A. 综合   B. 加强   C. 减弱   D. 整合

二、填空题

1. 水是由 H、O 两种元素组成的无机物,在常温常压下为_____的透明液体。

2. 水是一种良好溶剂,生物体内许多物质都能_____水中。

3. 在自然界中,水以气态、或_____存在。

4. _____是指溶液中水蒸气分压(P)与纯水饱和蒸汽压(P_0)之比。

5. 一般来说,水分活度,自由水的含量越多,食品也就越易_____。

6. 微生物可能在食品中生长繁殖,影响食品_____,甚至产生_____物质。

三、判断题(在题后括号内打√或×)

1. 一般来说,食品的含水量越高,水分活度越大,二者之间存在正比关系。( )

2. 富含脂肪的食品很容易受空气中的氧、微生物的作用而发生氧化酸败。( )

3. 在同一生物体的不同器官中,水分的含量差别不大。( )

4. 食品中各种微生物的生长繁殖,是由其含水量的多少所决定的。( )

5. 最常见的非酶褐变是美拉德反应,A_w 在 0.6~0.7 最容易发生非酶褐变。( )

6.食品中微生物的生长繁殖和生物化学反应不需水也能进行。（　　）

四、简答题

1.水在食品中有哪些作用？

2.食品中水的存在状态如何？

3.简述水分活度及其意义。

第二章　矿物质

学习目标

1. 掌握食品中含有的重要矿物质及其主要作用。
2. 熟悉矿物质的概念及分类。
3. 了解矿物质在食品加工贮藏过程中的变化。

第一节　概述

一、矿物质的概念

矿物质又称无机盐或灰分,是指除去 C、H、O、N 四种构成水分和有机物的元素以外的其他元素的统称。矿物质分为常量元素和微量元素,占人体质量的 4%~5%。矿物质在人体内不能合成,必须从食物和饮水中摄取,体内分布极不均匀,相互之间存在协同或拮抗作用,摄入过多易产生毒性作用。

二、矿物质的分类

1. 根据人体每天需要量分类

矿物质根据人体每天需要量习惯上分为两大类:常量元素和微量元素。

(1)常量元素(或宏量元素)

常量元素是指在人体内含量 0.01% 以上,或日需量大于 100 mg/d 的元素,有钾、钠、钙、镁、氯、硫、磷七种元素,占人体总矿物质的 60%~80%。

(2)微量元素(或痕量元素)

微量元素是指在人体内含量低于 0.01%,或日需量小于 100 mg/d 的元素,有铁、锌、铜、碘、锰、铬、钼、镍、钒、锡、氟、硅等。

2. 根据矿物质生理作用分类

根据生理作用矿物质可分成 3 种类型:必需元素、非必需元素及有毒元素。

(1)必需元素

必需元素是指存在于机体健康组织中,对机体自身稳定起重要作用,缺乏时可使机体组织或功能出现异常,补充后又恢复正常的矿物质,但必需元素若摄入过量也会有害。必需元素包括所有常量元素和微量元素中的铁、锌、碘、硒、铜、钼、铬、钴。

（2）非必需元素

非必需元素有铝、硼、锡等。目前没发现它们对机体具有营养价值,对人体的毒性作用也不大。

（3）有毒元素

有毒元素常见的有汞、镉、铅、砷等。在正常状态下,它们不会对人体造成危害,但当它们污染食品,被人体大量摄入后,会对机体生理功能及正常代谢产生阻碍作用,造成人体中毒。

三、矿物质的生理作用

矿物质的生理学功能可归纳为以下几点:

①构成机体组织,钙、磷、镁是骨骼和牙齿的重要成分(骨骼中集中了99%的钙质),磷和硫是构成组织蛋白的成分。

②与蛋白质协同,维持组织细胞的渗透压。

③酸性、碱性无机离子的适当配合,加上(重金属)碳酸盐和蛋白质的缓冲作用,维持着体液的酸碱平衡。

④各种无机离子,特别是一定比例的钾、钠、钙、镁等是维持神经肌肉兴奋性和细胞膜通透性的必要条件。

⑤无机离子是很多酶系的激活剂或组成成分。

⑥一些无机盐是某些具有特殊生理功能物质的成分。例如血红蛋白中的铁,甲状腺素中的碘,维生素 B_{12} 中的钴,谷胱甘肽过氧化物酶中的硒等。

四、食品中矿物质的存在形式

矿物质在食品中主要以无机盐形式存在。各种无机盐中,正离子比负离子种类多,且存在状态多样。正离子中一价离子都成为可溶性盐,如 K^+、Na^+、Cl^- 等。多价离子则以离子、不溶性盐和胶体溶液形成动态平衡体系存在。在肉、乳中的矿物质常以无机盐形式存在。

金属离子通过配位键与配位体形成配合物,是食品中矿物质存在的另一种重要形态,其中配合成环者,又称螯合物。由配位体提供至少两个配位原子与中心金属离子形成配位键,配位体与中心金属离子形成环状结构。常见的配位原子是 O、S、P、N 等原子,与金属离子形成的螯合物很多具有重要的生理功能,如以 Fe^{2+} 为中心离子的血红素、以 Cu^{2+} 为中心离子的细胞色素、叶绿素中的 Mg^{2+}、维生素 B_{12} 中的 Co^{2+} 及葡萄糖耐量因子中的价 Cr^{3+}。

五、矿物质的主要性质

1. 矿物质的溶解性

各种价态的矿物质基本上都是在水中与生命体中的有机物质如蛋白质、核酸、糖等形成多种化合物或螯合物。这种结合方式有利于矿物质保持稳定以及在器官、组织间的输送。

2. 矿物质的酸碱性

食品中的金属元素 Na、K、Ca、Mg 等在人体内以阳离子的形式存在,所以含金属元素阳离子较多的食品,生理上属于碱性食品。碱性食品主要有蔬菜、水果、薯类、大豆、牛奶等。虽然水果等食物带有酸味,但其酸味物质(有机酸)在体内代谢后生成 CO_2 和 H_2O 排出体外,留下带阳离子的碱性元素,所以水果应属碱性食品。

食品中的非金属元素的 P、S、Cl 等在人体内氧化后生成含阴离子的酸根如 PO_4^{3-}、SO_4^{2-} 等,所以含有非金属元素阴离子较多的食品,生理上属于酸性食品。通常富含蛋白质、脂肪及糖类的食物多为酸性的,如:谷类、肉类、鱼贝类、蛋类、黄油及干酪等。从食物中也可以直接得到一些酸性食物,如醋酸、柠檬酸等。但这些外源性酸性物质数量很少,所以不是体内酸性物质的主要来源。此外,某些药物进入体内也可以产生酸性物质。

人体体液的 pH 在 7.3~7.4。正常状态下人体自身可通过一系列的调节作用,维持体液 pH 在恒定范围内,这一过程称为人体内的酸碱平衡。但是由于膳食搭配不当,可引起机体酸碱平衡失调。例如,若摄入酸性食物过多,可导致血液 pH 下降,引起各种酸中毒及缺钙症。我国的膳食习惯以谷类主食摄入较多,所以平时应多补充水果、蔬菜等碱性食物。

3. 矿物质的氧化还原性

微量元素具有不同的价态,在一定条件下可以相互转化,同时伴随着电荷或者氧的转移,因此说它们具有氧化还原性。

4. 矿物质的螯合反应

大多数由金属离子和食品分子形成的配合物都是螯合物。

第二节　食品中重要的矿物质

一、钙

钙是构成人体的重要组成成分,是人体含量最多的无机元素。正常情况下,成人体内含钙总量为 1000~1200 g,占体重的 1.5%~2%。其中 99%的钙存在于骨骼和牙齿中,主要存在形式为羟磷灰石$[Ca_{10}(PO_4)_6(OH)_2]$。约 1%的钙常以游离或结合的离子状态存在于软组织、细胞外液及血液中,统称为混溶钙池。正常情况下体内的两部分钙保持动态平衡,以维持体内细胞正常生理状态。

钙是构成骨骼和牙齿的主要成分。钙还具有维持肌肉与神经的正常活动、促进体内某些酶的活性、参与血凝过程、激素分泌、维持体液酸碱平衡以及细胞内胶质稳定性等功能。

乳和乳制品是食物中钙的最好来源,不但含量丰富,而且吸收率高,是婴幼儿最佳钙源。蔬菜、豆类和油料作物种子也含有较多的钙,如黄豆及制品、黑豆、赤小豆、各种瓜子、芝麻酱等。小虾米皮、海带含钙特别丰富。膳食中补充骨粉或蛋壳粉可以改善钙的营养状况。

二、磷

磷在生理上和生化上是人体最必需无机盐之一,细胞中普遍存在磷,动植物都含磷。成人体内磷含量约为 650 g,占体重 1% 左右,占体内无机盐总量的 1/4。总磷量的 85%~90% 以羟磷灰石形式存在于骨骼和牙齿中。其余 10%~15% 与蛋白质、脂肪、糖及其他有机物结合,分布于几乎所有组织细胞中,其中一半左右在肌肉中。

磷是骨骼、牙齿以及软组织的重要成分,是生命物质成分。磷参与调节能量释放。磷酸盐能调节维生素 D 的代谢,维持钙的内环境稳定。

磷的来源广泛,一般食物来源都能满足需要。食物中肉、鱼、牛乳、乳酪、豆类和硬壳果等含磷较多。

三、钠

钠是食盐的成分。氯化钠是人体最基本的电解质。钠对肾脏功能也有影响,缺乏或过多会引起多种疾病。人体钠的含量差别颇大,为 2700~3000 mg,占体重的 0.15%。

钠的主要生理功能是调节体内水分;维持酸碱平衡;钠泵的构成成分;维护正常血压;增强神经肌肉兴奋性。

膳食中的钠主要存在于食盐中,它是烹饪中重要的调味品,也是保证机体水分平衡的最重要物质,没有食盐,人的健康将受到影响。食盐在防止食品腐败上有重要作用,钠是构成食盐的不可缺少的成分。

四、铁

铁是人体的必需微量元素,也是体内含量最多的微量元素。大部分铁主要存在于血红蛋白中,其余铁皆与各种蛋白质结合在一起,没有游离的铁离子存在。

在机体中,通过血红蛋白的形式,铁参与氧的转运、交换和组织呼吸过程。铁作为过氧化氢酶的组成成分,对机体内过氧化物起清除作用。

食物中铁的含量通常不高,尤其是植物性食物中的铁,因可能与磷酸盐、草酸盐、植酸盐等结合成难溶性盐,溶解度大幅度下降,很难被机体吸收利用。但是动物性食物的铁,机体的利用率则高得多,其中肌肉、肝脏含铁量高,利用率也高。蛋黄虽然也属于动物性食品,铁含量也高,但由于卵黄磷蛋白含量高,抑制铁的吸收,故蛋类铁的吸收率并不高,一般不超过 3%。

五、锌

人体内锌存在于所有组织中,3%～5%在白细胞中,其余在血浆中。血液中的锌有75%～88%的存在于红细胞中。锌在体内多以结合状态存在,游离锌含量很低。

锌是多种酶的组成成分或激活剂;促进生长发育与组织再生;促进食欲;参与机体免疫功能;促进性器官和第二性征的发育;保护皮肤健康。

动物食品锌含量高,海产品是锌的良好来源,乳和蛋次之,蔬菜、水果含锌量少。锌的食物来源很广,普遍存在于动植物的各种组织中。许多植物性食品如豆类、小麦含锌量可达15～20 mg/kg,但因植酸的缘故而不易吸收。

六、碘

成人体内含碘,约20%集中于甲状腺。甲状腺的聚碘能力很强,碘浓度可比血浆高25倍。当甲状腺功能亢进时,甚至可高数百倍。在甲状腺中,碘以甲状腺素和三碘甲腺原氨酸的形式存在。血浆中的碘则与蛋白质结合在一起。

碘是维持人体正常生理功能不可缺少的微量元素,碘的生理功能体现于甲状腺素。甲状腺素是一种激素,可促进幼小动物的生长、发育,调节基础代谢。特别是通过对能量代谢,对蛋白质、脂肪、糖类代谢的影响,碘促进个体的体力和智力发育,影响神经、肌肉组织的活动。机体缺碘可出现甲状腺肿。

含碘最丰富的食物是海产品,其他食品的碘含量则主要取决于动植物生长地区的地质化学状况。通常,远离海洋的内陆山区,土壤和空气含碘量少,水和食品的含碘量也低,可能成为缺碘的地方性甲状腺肿高发区。

七、硒

硒在人体内总量为14～20 mg,广泛分布于所有组织和器官中,浓度高者有肝、胰、肾、心、脾、牙釉质及指甲,而脂肪组织最低。

硒能刺激免疫球蛋白及抗体的产生,增强机体对疾病的抵抗力。硒能保护心血管和心肌的健康,降低心血管病的发病率。硒和金属有很强的亲和力,是一种对抗重金属的天然的解毒剂。硒还具有抗肿瘤、促进生长的作用。

硒的食物来源受地质化学因素的影响,沿海地区食物的含硒量较高,其他地区则随土壤和水中硒含量的不同而差异显著。海产品及肉类是硒的良好食物来源,含硒量一般超过0.2 mg/kg。肝、肾比肌肉的硒含量高4～5倍,蔬菜、水果含硒量低,常在0.01 mg/kg以下。在食品加工时,硒可因精制或烧煮而有所损失,越是精制或长时间烧煮过的食品,硒含量就越低。

第三节　矿物质在食品加工贮藏过程中的变化

食品中矿物质的含量在很大程度上受到各种环境因素的影响,如受土壤中矿物质的含量、地区分布、季节、水源、施用肥料、杀虫剂、农药和杀菌剂以及膳食的性质等因素的影响。此外,在加工过程中矿物质可直接或间接进入食品中,例如在婴幼儿奶粉中添加铁、锌、钙,在中老年奶粉中添加钙等,因此,食品中矿物质的含量可以变化很大。

在食品加工过程中,食品中存在的矿物质,无论是本身存在的或是人为添加的,它们或多或少都会对食品中的营养成分和感观品质产生影响。例如,果蔬制品的变色多是由于多酚类物质(花青素)与金属形成复合物而造成的。抗坏血酸的氧化损失是由含金属的酶类而引起的,而含铁的脂肪氧合酶能使食品产生不良的风味。螯合剂的应用可以消除或减轻上述金属对食品的不良影响。

在加工过程中,食品矿物质的损失与维生素不同,因为它在多数情况下不是由于化学反应引起,而是通过矿物质的流失或与其他物质形成一种不适宜于人体吸收利用的化学形式而损失。食品在加工和烹调过程中对矿物质的影响是食品中矿物质损失的常见原因,如罐藏、烫漂、沥滤、汽蒸、水煮、碾磨等加工工序都可能对矿物质造成影响。据报道,罐藏的菠菜比新鲜的损失81.7%的锰、70.8%的钴和40.1%的锌。番茄制成罐头后损失83.8%的锌。胡萝卜、甜菜、青豆制成罐头后,钴分别损失为70%、66.7%和88.9%。果蔬食品加工过程常常要经过烫漂工序,在沥滤时可能会引起某些矿物质的损失。表2-1为菠菜热烫对矿物质的影响,可见矿物质损失的程度与其溶解度有关。

表 2-1　烫漂对菠菜中矿物质损失的影响(以 100 g 计)

矿物质名称	矿物质含量/g		损失/%
	未热烫	热烫	
钾	6.9	3.0	56
钠	0.5	0.3	43
钙	2.2	2.3	0
镁	0.3	0.2	36
磷	0.6	0.4	36
亚硝酸盐	2.5	0.8	70

有时在加工中矿物质的含量反而有所增加,表2-1中钙就是这种情况。但是,在煮熟的豌豆中矿物质损失的情况与上述菠菜中的略有不同,即豌豆中钙的损失与其他矿物质相同,微量元素的损失也与以上相似。加工时微量元素与矿物质的增加,还可能是由于加入加工用水,接触金属容器和包装材料而造成的。也可能与食品罐头镀锡与否有关,如牛乳中的镍的增加主要是由于加工时所用的不锈钢容器所引起的。

此外,碾磨对谷类食物中矿物质的含量也有影响。由于谷类食物中的矿物质主要分布于糊粉层和胚组织中,因而碾磨过程能导致矿物质的损失。损失量随碾磨的精细程度而增加,但各种矿物质的损失有所不同。例如,小麦经碾磨后,铁损失比较严重,此外,铜、锰、锌、钴等也会大量损失;精碾大米时,锌和铬会大量损失,锰、钴、铜等也会受到影响。但是在大豆的加工中则有所不同,因为大豆加工主要是一些脱脂、分离、浓缩等过程,大豆经过这些加工工序其蛋白质的含量有所提高,而很多矿物质正是与蛋白质组分结合在一起的,所以实际上大豆经过加工后,矿物质基本上没有损失(除硅外)。

食品中矿物质损失的另一个途径就是矿物质与食品中其他成分的相互作用,导致生物利用率下降。一些多价阴离子,如广泛存在于植物性食品中的草酸、植酸等,能与两价的金属阳离子如铁、钙等形成盐,而这些盐是非常不易溶解的,可经过消化道而不被人体吸收。因此,它们对矿物质的生物效价有很大的影响。

【思考与练习】

一、单选题

1. 成人体内含钙总量为( )g。

A. 800~1000　　B. 1000~1200　　C. 600~800　　D. 1200~1500

2. 钙是构成人体重要的组成成分,其中( )的钙存在于骨骼和牙齿中。

A. 96%　　　　B. 97%　　　　　C. 98%　　　　　D. 99%

3. 钙具有维持肌肉与( )的正常活动、促进体内某些酶的活性的功能。

A. 神经　　　　B. 内分泌　　　C. 消化系统　　　D. 循环系统

4. 成人体内含碘20~50 mg,其中约20%集中于( )。

A. 胸腺　　　　B. 脑垂体　　　C. 甲状腺　　　　D. 肾上腺

5. 硒能刺激( )及抗体的产生,增强机体对疾病的抵抗力。

A. 淋巴　　　　B. 免疫球蛋白　C. 活性多糖　　　D. 溶菌酶

6. 成人体内含锌( )g,存在于所有组织中。

A. 2~3　　　　B. 3~5　　　　　C. 5~7　　　　　D. 1~2

二、填空题

1. 矿物质分为常_____和_____,占人体重量的4%~5%。

2. 钙是构成人体重要的组成,是人体含量_____的无机元素。

3. 若_____摄入食物过多,可导致血液 pH 下降,引起各种及缺钙症。

4. 在机体中通过_____的形式,铁参与_____的转运、交换和组织呼吸过程。

5. 锌是多种酶的_____或_____,促进生长发育与组织再生。

三、判断题(在题后括号内打√或×)

1. 矿物质可以在人体内合成,也可以从食物和饮水中摄取。( )

2. 矿物质在食品中主要以无机盐形式存在。( )

3. 甲状腺素是一种激素,可促进动物的生长、发育。(   )

4. 铁是体内含量最多的常量元素。(   )

5. 乳和乳制品是食物中钙的最好来源,不但含量丰富,而且吸收率高。(   )

6. 钠的主要生理功能是调节体内盐类的含量,维持酸碱平衡。(   )

四、简答题

1. 矿物质的概念。

2. 矿物质的生理作用。

第三章 蛋白质

蛋白质是生命的物质基础,没有蛋白质就没有生命,生物体结构越复杂,其蛋白质种类和功能越繁多。作为食品,蛋白质的营养功能主要是为生物体提供构成机体所必需的氨基酸和构成其他含氮物质的氮源。除了营养上的重要性外,蛋白质在决定食品的结构、形态以及色、香、味方面也起到了很重要的作用。因此,了解蛋白质的结构和性质以及在食品加工等过程中蛋白质的功能特性和各种变化,具有重要的实际意义。

第一节 概述

一、蛋白质的生物学意义

"蛋白质"一词,源于希腊字"proteios",其意是"最初的""第一重要的"。蛋白质是一类重要的高分子有机化合物,普遍存在于生物体中。蛋白质是组成人体一切细胞、组织的重要成分。机体所有重要的组成部分都需要有蛋白质的参与。其主要的生物学功能是:

1. 催化和调节能力

某些蛋白质是酶,催化生物体内的物质代谢反应。某些蛋白质是激素,具有一定的调节功能,如胰岛素调节糖代谢。体内信号转导也常通过某些蛋白质介导。

2. 转运功能

某些蛋白质具有运载功能,如血红蛋白是转运氧气和二氧化碳的工具,血清白蛋白可以运输自由脂肪酸及胆红素等。

3. 收缩或运动功能

某些蛋白质赋予细胞与器官收缩的能力,可以使其改变形状或运动,如骨骼肌收缩依靠肌动蛋白和肌球蛋白。

4. 防御功能

如免疫球蛋白,可抵抗外来的有害物质,保护机体。

5.营养和贮存功能

如铁蛋白可以贮存铁。

二、蛋白质的组成

机体中的每一个细胞和所有重要组成部分都有蛋白质参与。蛋白质占人体重量的16%~20%。人体内蛋白质的种类很多,性质、功能各异,但都是由20多种氨基酸按不同比例组合而成的,并在体内不断进行代谢与更新。

动物性食品和植物性食品都含有丰富的蛋白质。动物性食品蛋白质常分布于肌肉、皮、骨骼、血液、乳和蛋中。植物性食品常分布于籽实和块根、块茎中。另外在微生物中也含有丰富的蛋白质。一般食物蛋白质含量:肉类(包括鱼类)为10%~30%;乳类为1.5%~3.8%;蛋类为11%~14%;干豆类为20%~49.8%;坚果类(核桃仁、榛子仁等)为15%~26%;谷类果实6%~10%,薯类为2%~3%。

蛋白质含有碳、氢、氧和氮元素,大部分还含有硫。有些蛋白质还含有其他元素,分别是磷、铁、锌及铜。大多数蛋白质的基本组成十分相似,所含氮素约为16%,该元素容易用凯氏定氮法进行测定,故蛋白质的含量可由氮的含量乘以6.25(100/16)计算出来。

蛋白质的相对分子质量非常大,但用酸水解后,蛋白质分子产生一系列相对分子质量低的简单有机化合物——α-氨基酸。构成蛋白质的α-氨基酸共有20种。

三、蛋白质的分类

1.根据分子组成和溶解度分类

蛋白质根据分子组成和特性分为单纯蛋白质和结合蛋白质,见表3-1。

表3-1　蛋白质的分类及各类蛋白质的特点与存在

类别		特点与存在	典型蛋白质
单纯蛋白质	清蛋白	溶于水,需饱和硫酸铵才能沉淀。广泛分布于一切生物体中	血清蛋白、乳清蛋白
	球蛋白	微溶于水,溶于稀盐酸溶液,需要半饱和硫酸铵沉淀。分布普遍	血清球蛋白、肌球蛋白、大豆球蛋白等
	谷蛋白	不溶于水、醇及中性盐溶液,易溶于稀酸或稀碱。各种谷物中均含有	米谷蛋白、麦谷蛋白
	醇溶谷蛋白	不溶于水及无水乙醇,溶于70%~80%乙醇	玉米蛋白
	精蛋白	溶于水及稀酸,不溶于氨水,为碱性蛋白,含较多His、Arg	蛙精蛋白

续表

类别		特点与存在	典型蛋白质
结合蛋白质	核蛋白	辅基为核酸。存在于一切细胞中	核糖体、脱氧核糖核蛋白体
	脂蛋白	与脂类结合而成。广泛分布于一切细胞中	卵黄蛋白、血清 β-脂蛋白、细胞中的许多膜蛋白
	糖蛋白	与糖类结合	黏蛋白、γ-球蛋白、细胞表面的膜蛋白等
	磷蛋白	以丝、苏氨酸残基的-OH与磷酸成酯键结合而成。存在与乳、蛋等生物材料中	酪蛋白、软黄蛋白
	血红素蛋白	辅基为血红素。存在于一切生物体中	血红蛋白、细胞色素、叶绿蛋白
	黄素蛋白	辅基为黄素腺嘌呤二核苷酸或磷酸核黄素。存在于一切生物体中	琥珀酸脱氢酶、氨基酸氧化酶等
	金属蛋白	与金属元素直接结合	铁蛋白、乙醇脱氢酶(含锌)、黄嘌呤氧化酶(含钼、铁)

2. 从营养学上分

在营养学上,根据蛋白质中所含氨基酸的种类和数量把蛋白质分为完全蛋白质、半完全蛋白质和不完全蛋白质三类。完全蛋白质是指该蛋白质含有人体所有的必需氨基酸,并且所含的必需氨基酸数量充足、比例合适,能维持人的生命健康,并能促进儿童的生长发育。半完全蛋白质是指该蛋白质所含的必需氨基酸的种类齐全,但相互比例不合适,若作为唯一蛋白质来源时可以维持人体的生命,但不能促进生长发育。不完全蛋白质是指该蛋白质所含的必需氨基酸种类不全,若用作唯一蛋白质来源时,既不能促进生长发育也不能维持生命。

多数动物蛋白质如肉类、鱼类和奶类的酪蛋白、蛋类中的卵白蛋白和卵黄蛋白等都是完全蛋白质。小麦、大麦中的麦胶蛋白属于半完全蛋白质。玉米中的玉米胶蛋白、动物结缔组织中的胶蛋白和豌豆中的豆球蛋白等则属于不完全蛋白质。

第二节　氨基酸

一、氨基酸的组成与结构

1. 氨基酸的组成

组成氨基酸的元素主要有 C、H、N、O,个别氨基酸中还含有 S。N 以氨基的形式存在,O 以羧基的形式存在,因此,氨基酸实际上是一类含有氨基的羧酸。

2. 氨基酸的结构

在构成蛋白质的最基本的氨基酸中,氨基都是和离羧基最近的碳原子相连,借鉴系统命名法中的编号方式,该碳原子编号为 α,因此将这类氨基酸称为 α-氨基酸。其通式为:

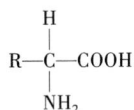

$$R-\overset{\overset{\displaystyle H}{|}}{\underset{\underset{\displaystyle NH_2}{|}}{C}}-COOH$$

各种天然存在的蛋白质共含有 20 种不同的 α-氨基酸。除甘氨酸外,所有 α-氨基酸的 α 碳原子都连接有四个不同的原子或原子团,因此,它们都是不对称的,α 碳原子就是其分子的不对称中心。结构化学中,将 α-氨基酸分为 D - 、L - 两种构型。

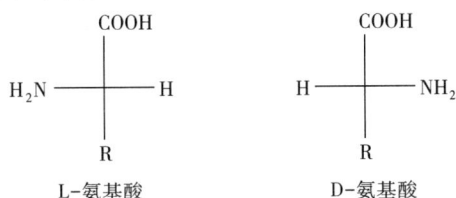

L-氨基酸　　　　　　　D-氨基酸

除甘氨酸外,天然存在的蛋白质都是 L-构型。

二、氨基酸的分类

1. 根据氨基酸的化学结构分类

根据氨基酸中 R— 的结构进行分类,氨基酸共有脂肪族、芳香族、杂环族 3 类。在脂肪族氨基酸中,烃基和烃基衍生物为链状;在芳香族氨基酸中,烃基和烃基衍生物中含有苯环;在杂环族氨基酸中,烃基和烃基衍生物中含有"杂环"。氨基酸的结构和分类,列于表 3-2。

表 3-2　构成蛋白质的氨基酸分类

分类		名称	符号	分子结构	化学名称
中性氨基酸	脂肪族氨基酸	甘氨酸	Gly	$H-\overset{\underset{\displaystyle NH_2}{\textstyle|}}{CH}-COOH$	氨基乙酸
		L-丙氨酸	Ala	$CH_3-\overset{\underset{\displaystyle NH_2}{\textstyle|}}{CH}-COOH$	α-氨基丙酸
		L-缬氨酸	Val	$CH_3-\overset{\underset{\displaystyle CH_3}{\textstyle|}}{CH}-\overset{\underset{\displaystyle NH_2}{\textstyle|}}{CH}-COOH$	α-氨基异戊酸
		L-亮氨酸	Leu	$CH_3-\overset{\underset{\displaystyle CH_3}{\textstyle|}}{CH}-CH_2-\overset{\underset{\displaystyle NH_2}{\textstyle|}}{CH}-COOH$	α-氨基异己酸
		L-异亮氨酸	Ile	$CH_3-CH_2-\overset{\underset{\displaystyle CH_3}{\textstyle|}}{CH}-\overset{\underset{\displaystyle NH_2}{\textstyle|}}{CH}COOH$	α-氨基-β-甲基戊酸

分类		名称	符号	分子结构	化学名称
中性氨基酸	含羟基氨基酸	L-丝氨酸	Ser	HO—CH₂—CH—COOH 　　　　　| 　　　　　NH₂	α-氨基-β-羟基丙酸
		L-苏氨酸	Thr	CH₃—CH—CH—COOH 　　　　|　　| 　　　OH　NH₂	α-氨基-β-羟基丁酸
	含硫氨基酸	L-蛋氨酸 （甲硫氨酸）	Met	CH₂—S—CH₂—CH₂—CH—COOH 　　　　　　　　　　| 　　　　　　　　　　NH₂	α-氨基-γ-甲硫基丁酸
		L-半胱氨酸	Cys	HS—CH₂—CH—COOH 　　　　　| 　　　　　NH₂	α-氨基-β-巯基丙酸
	芳杂环氨基酸	L-脯氨酸	Pro		β-吡咯烷基 α-羧酸
		L-苯丙氨酸	Phe		α-氨基-β-苯基丙酸
		L-酪氨酸	Tyr		α-氨基-β-对羟基苯丙酸
		L-色氨酸	Trp		α-氨基-β-吲哚基丙酸
	酰胺	L-天冬酰胺	Asn		α-氨基-β-酰胺丙酸
		L-谷氨酰胺	Gln		α-氨基-γ-酰胺丁酸
酸性氨基酸		L-天冬氨酸	Asp	HOOC—CH₂—CH—COOH 　　　　　　| 　　　　　　NH₂	α-氨基丁二酸
		L-谷氨酸	Glu	HOOC—CH₂—CH₂—CH—COOH 　　　　　　　　| 　　　　　　　　NH₂	α-氨基戊二酸
碱性氨基酸		L-精氨酸	Arg		α-氨基-δ-胍基戊酸
		L-组氨酸	His		α-氨基-β-咪唑基丙酸
		L-赖氨酸	Lys	H₂N—CH₂—(CH₂)₃—CH—COOH 　　　　　　　　　| 　　　　　　　　　NH₂	α,ε-二氨基己酸

2. 从营养学角度分类

从营养学角度可将氨基酸分为必需氨基酸和非必需氨基酸。

必需氨基酸是人体生长发育和维持氮平衡所必需的,体内不能自行合成,必须由食物中摄取的氨基酸。必需氨基酸包括赖氨酸、苯丙氨酸、蛋氨酸、亮氨酸、异亮氨酸、缬氨酸、苏氨酸和色氨酸八种。对儿童来说组氨酸也是必需氨基酸。半胱氨酸和酪氨酸在体内分别可由蛋氨酸和苯丙氨酸转变而来,如果膳食中提供这两种氨基酸,则人体可减少对蛋氨酸和苯丙氨酸的需要量。所以半胱氨酸和酪氨酸称为半必需氨基酸或条件必需氨基酸。非必需氨基酸是其余的氨基酸,包括甘氨酸、丙氨酸、丝氨酸、谷氨酸、谷氨酰胺、天冬氨酸、天冬酰胺、脯氨酸和精氨酸。

三、氨基酸的性质

1. 氨基酸的物理性质

（1）色泽与状态

各种常见氨基酸均为无色结晶,结晶形状因氨基酸的结构而异,如谷氨酸有的为四角柱形结晶,有的则为菱片状结晶。

（2）熔点

在有机物中,氨基酸结晶的熔点是高的,一般在 200~300℃ 之间,许多氨基酸在达到或接近熔点时或多或少会发生分解。

（3）溶解度

氨基酸一般都溶于水,微溶于醇,不溶于乙醚。不同的氨基酸在水中有不同的溶解度:赖氨酸和精氨酸的溶解度最大;有环氨基酸的水溶解性很小,以至于脯氨酸与羟脯氨酸只能溶于乙醇和乙醚中。所有氨基酸都能溶于强酸、强碱溶液中。

（4）味感

氨基酸及其某些衍生物具有一定的味感,如甜、苦、鲜、酸等。味感的种类与氨基酸的种类等因素有关。例如,色氨酸的甜味最强,其甜度可达到蔗糖的 40 倍(表 3-3)。

表 3-3　氨基酸的味感

名称		阈值/(mg/100 mL)	甜	苦	鲜	酸	咸
甜味氨基酸	甘氨酸	110	+++				
	丙氨酸	60	+++				
	丝氨酸	150	+++			+	
	苏氨酸	260	+++	+		+	
	脯氨酸	300	+++	++			
	赖氨酸	50	++	++	+		
	谷氨酰胺	250	+		+		

续表

名称		阈值/(mg/100 mL)	甜	苦	鲜	酸	咸
苦味氨基酸	缬氨酸	150	+	+++			
	亮氨酸	380		+++			
	异亮氨酸	90		+++			
	蛋氨酸	30		+++	+		
	苯丙氨酸	150	+	+++			
	色氨酸	90		+++			
	组氨酸	20		+++			
酸味氨基酸	组氨酸	5		+		+++	+
	天冬酰胺	100		+		++	
	天冬氨酸	3				+++	
	谷氨酸	5				+++	
鲜味氨基酸	天冬氨酸钠	100					+
	谷氨酸钠	30					

(5)旋光性

除甘氨酸外,每种氨基酸都有旋光性和一定的比旋光度。

各种常见的氨基酸对可见光均无吸收能力。酪氨酸、色氨酸、苯丙氨酸在近紫外光区有吸收,利用紫外吸收可定量测定这几种氨基酸的浓度。

2. 氨基酸的化学性质

氨基酸分子的 α-氨基、α-羧基、R-及其衍生物基团能够分别或同时发生多种化学反应。

(1)α-氨基的反应

①脱氨反应。氨基酸在强氧化剂或氧化酶的作用下脱去氨基,放出氨气,并氧化生成酮酸,这是生物体内氨基酸分解的重要途径之一。

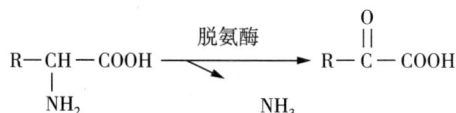

$$R-\underset{\underset{NH_2}{|}}{CH}-COOH \xrightarrow{脱氨酶} R-\underset{\underset{O}{\|}}{C}-COOH$$
$$NH_3$$

②与亚硝酸的反应。除脯氨酸外,氨基酸 α-氨基都能与亚硝酸反应,产生相应的羟基化合物并放出氮气(N_2),氨基酸被氧化成羟酸。反应放出的氮气一半来自氨基酸分子上的 α-氨基,一半来自亚硝酸的氮,故在一定条件下测定反应释放出的氮气的体积,可以计算出氨基酸的含量。该反应是范斯莱克氨基酸测定方法的基础。

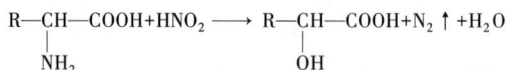

$$R-\underset{\underset{NH_2}{|}}{CH}-COOH + HNO_2 \longrightarrow R-\underset{\underset{OH}{|}}{CH}-COOH + N_2 \uparrow + H_2O$$

③与甲醛的反应。在中性 pH 条件下,氨基酸中的 α-氨基可与甲醛生成羟甲基衍生物,使其碱性减弱。这时,氨基酸中的羧基就可以和普通脂肪酸的羧基一样解离,充分显示出它的酸性。

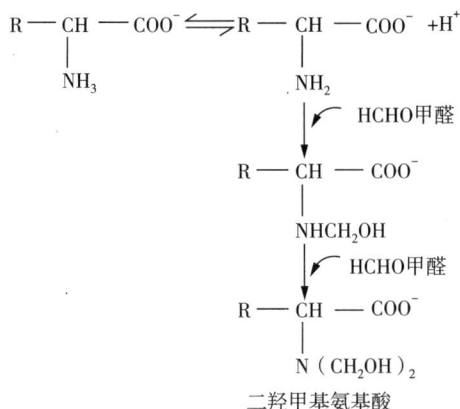

$$R-CH-COO^- \rightleftharpoons R-CH-COO^- +H^+$$
$$\underset{NH_3}{|} \qquad \underset{NH_2}{|}$$

$$\downarrow HCHO甲醛$$

$$R-CH-COO^-$$
$$\underset{NHCH_2OH}{|}$$

$$\downarrow HCHO甲醛$$

$$R-CH-COO^-$$
$$\underset{N(CH_2OH)_2}{|}$$

二羟甲基氨基酸

在食品检测中常用氨基酸的这个性质来定量测定食品中氨基酸的含量,如酱油中的氨基酸就是用此法测定的。

④羰氨反应,又称美拉德反应。在食品中,主要的羰氨反应发生在还原糖与氨基酸及蛋白质之间,羰基与氨基进行缩合反应形成薛夫碱,再经过复杂的历程,最终生成棕色甚至黑色的大分子物质类黑素。

羰氨反应是食品加工过程中常见的化学反应。在食品加工过程中,应注意控制加热温度和时间,不要使反应过度,产生大量的黑色素,造成食品焦黑而且发苦。

（2）α-羧基的反应

食品中的氨基酸经高温或细菌作用发生脱羧反应而生成相应的胺,并放出二氧化碳,这是食品中胺的主要来源。特别是腐胺、尸胺等有毒性和臭味的胺类的产生,是食品腐败的标志。

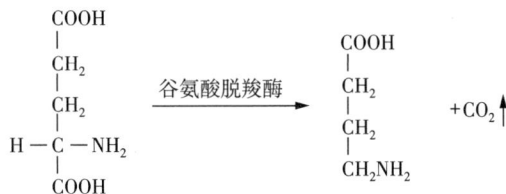

$$\underset{COOH}{\underset{|}{\underset{CH_2}{\underset{|}{\underset{CH_2}{\underset{|}{\underset{H-C-NH_2}{\underset{|}{COOH}}}}}}}} \xrightarrow{\text{谷氨酸脱羧酶}} \underset{COOH}{\underset{|}{\underset{CH_2}{\underset{|}{\underset{CH_2}{\underset{|}{CH_2NH_2}}}}}} +CO_2\uparrow$$

（3）α-氨基、α-羧基都参加的反应

①两性电离与等电点。氨基酸分子中含有羧基和氨基两种极性基团,它们在溶液中分别发生解离,羧基可解离出 1 个 H^+,变成 $R-COO^-$ 负离子,而氨基能接受 1 个质子,变成 $-NH_3^+$ 正离子。这样,氨基酸就变成了同时带有正负两种离子的两性离子,既能与酸又能与碱作用生成相应的盐。

在酸性溶液中,氨基酸羧基的解离受到抑制,而易获得 1 个氢离子变成正离子。在碱性溶液中,氨基的解离受到抑制,而羧基易放出 1 个氢离子而变成负离子。

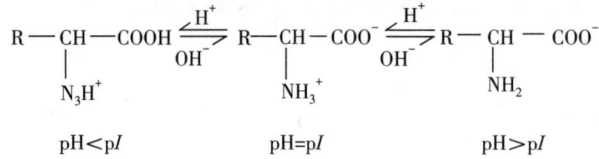

$$R - CH - COOH \xrightarrow[OH^-]{H^+} R - CH - COO^- \xrightarrow[OH^-]{H^+} R - CH - COO^-$$

$$N_3H^+ \qquad\qquad NH_3^+ \qquad\qquad NH_2$$

$$pH < pI \qquad\qquad pH = pI \qquad\qquad pH > pI$$

溶液达到一定酸碱度时,某种氨基酸中的氨基和羧基的解离程度完全相等,溶液中的正离子数等于负离子数时,溶液呈电中性,这时溶液的 pH 称为该氨基酸的等电点,用 pI 表示。由于结构不同,不同的氨基酸等电点也不同。例如丙氨酸的等电点为 6,谷氨酸等电点为 3.22。

在等电点时,氨基酸的溶解度最小,这对蛋白质的性质有一定的影响。

②成肽反应。一个 α-氨基酸分子中的氨基与另一个 α-氨基酸分子中的羧基脱水缩合,形成的化合物称肽。

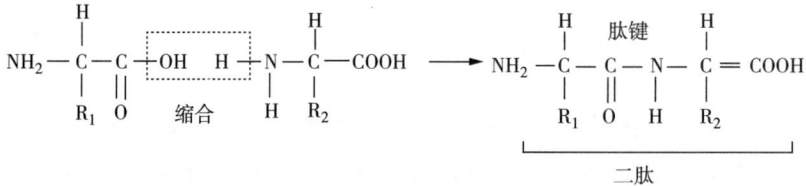

$$NH_2 - \underset{R_1}{\underset{|}{C}} - \underset{O}{\underset{\|}{C}} + OH\ H - N - \underset{R_2}{\underset{|}{C}} - COOH \longrightarrow NH_2 - \underset{R_1}{\underset{|}{C}} - \underset{O}{\underset{\|}{C}} - N - \underset{R_2}{\underset{|}{C}} = COOH$$

二肽

由两个氨基酸分子缩合形成的肽被称为二肽,由多个氨基酸分子缩合形成的肽叫多肽。多肽通常呈线状,每条肽链的两端分别有一个羧基和一个氨基。

③与金属离子的作用。许多重金属离子如 Cu^{2+}、Co^{2+}、Mn^{2+}、Fe^{2+} 等都能和氨基酸作用,产生复杂的特殊配合物——螯合物。如氨基酸与铜离子能形成蓝紫色配合物结晶,此方法常用来分离或鉴定氨基酸。

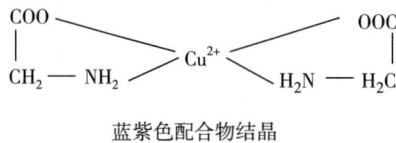

$$COO \qquad\qquad\qquad OOC$$
$$CH_2 - NH_2 \diagdown Cu^{2+} \diagup H_2N - H_2C$$

蓝紫色配合物结晶

第三节 蛋白质的结构

蛋白质是由 20 种氨基酸所组成,这些氨基酸是如何连接构成蛋白质分子的? 现在已经知道。蛋白质分子中的重要化学键有肽键(酰胺键),另外还有氢键、盐键、二硫键、酯键等。构成蛋白质分子的氨基酸主要是通过肽键相互连接的。肽链中的氨基酸分子在形成肽键时失去部分基团,称为氨基酸残基。蛋白质结构分为蛋白质的一级结构和蛋白质的空间结构或三维结构。蛋白质的一级结构决定蛋白质的空间结构,空间结构与蛋白质的生物功能直接相关。在生理条件下,蛋白质的空间结构取决于它的氨基酸排列序列和肽链的盘旋方式。蛋白质特定的完整结构是其独特生理功能的基础。

一、蛋白质的一级结构

蛋白质的一级结构是指蛋白质分子中氨基酸的连接方式和氨基酸在多肽链中的排列顺序。氨基酸排列顺序是由遗传信息决定的。一级结构是蛋白质分子的基本结构,它是决定蛋白质空间结构的基础。

1. 氨基酸的连接方式——肽键

一分子氨基酸的羧基与另一分子氨基酸的氨基脱水缩合形成的酰胺键(—CO—NH—)称为肽键,反应产物称为肽。由两个氨基酸形成最简单的肽,即二肽。二肽再以肽键与另一分子氨基酸相连生成三肽,其余类推。多个氨基酸分子以肽键相连形成多肽。多肽是链状结构,所以又称多肽链。书写肽链结构时,把含有自由氨基一端写在左边,叫 N 端或氨基末端,而把含有自由羧基一端写在右边,叫 C 端或羧基末端。肽广泛存在于动植物组织中,并具有特殊的功能,如谷胱甘肽是辅酶,肌肽与肌肉表面的缓冲作用有密切关系。

2. 氨基酸的排列顺序

两个不同的氨基酸组成二肽时有两种连接方式,三肽有六种,六肽有 720 种。组成肽的氨基酸的数目增多,连接方式也随之增多。虽然构成各种蛋白质的氨基酸有 20 种,但由于氨基酸的种类、数目、比例、排列顺序的不同,仍然可以构成种类繁多、结构各异的蛋白质。胰岛素是世界上第一个被测定一级结构的蛋白质,它是由 A、B 两条多肽链通过两个二硫键相连,A 链含有 21 个氨基酸残基,B 链含 30 个氨基酸残基,A 链本身第 6 位及第 11 位两个半胱氨酸形成一个链内的二硫键。如图 3-1 所示。

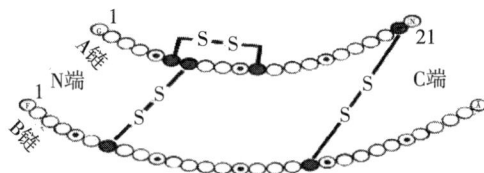

图 3-1　牛胰岛素的一级结构简图

二、蛋白质的空间结构

蛋白质的多肽链不是一条无规律的线团,而是按照一定方式折叠盘绕成特有的空间结构。蛋白质的空间结构也称高级结构,指蛋白质分子中所有原子在三维空间的排列分布和肽链的走向。

1. 构象与构型

蛋白质分子的空间结构是指分子的构象。构象是分子内所有原子或原子团的空间排布所形成的一种立体结构。这类立体结构不需要共价键断开,只要分子中发生 C—C 单键的转动就能从一种构象变为另一种构象。研究证明,天然蛋白质分子都有与其生物活性相关的一种或少数几种特定的构象,这种天然构象相对稳定。一定条件下,将蛋白质分子从细胞中分离出来,仍能保持其天然构象和生物活性。

构象与构型都是立体化学结构概念,但含义不同。构型是由于化合物分子中某一不对称碳原子上四种不同的取代基团(或原子)的空间排列所形成的一种光学活性立体结构。一个不对称碳原子只能形成两种不同的构型。分子从一种构型变为另一种构型,例如从 D-丙氨酸变为 L-丙氨酸,必须发生共价键的变化(断裂和另生成)。

2. 维持蛋白质分子构象的化学键

蛋白质多肽链卷曲,折叠成紧密结构,是由于多肽链内部或多肽链之间各种化学键相互作用的结果,其中重要的化学键型有以下几种(图3-2)。

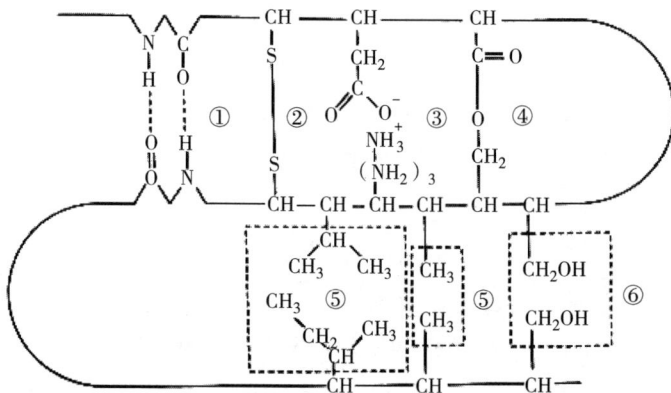

图 3-2 蛋白质分子中的化学键
①氢键;②二硫键;③盐键;④酯键;⑤疏水键;⑥范德华力

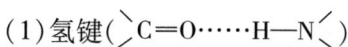

(1)氢键($\diagdown$C=O……H—N$\diagup$)

氢键主要由肽链与肽链之间及同一螺旋肽链之中空间位置相距很近的羧基和亚氨基之间微带正电荷的 H^+ 与负电性较强的 O^{2-} 结合形成的弱键,氢键虽然是弱键(键能只及主键的 1/10),易受外力影响而被破坏,但由于蛋白质分子中可形成大量氢键,故氢键对蛋白质分子结构稳定性的维持具有重要作用。

(2)二硫键(—S—S—)

二硫键是由一个半胱氨酸的—SH 基与同链或邻链另一半胱氨酸的—SH 基之间脱氢相连形成的化学键,此键结合得比较牢固,蛋白质分子中的二硫键越多,则蛋白质越稳定,对抗外界能力越强。例如,毛发、甲壳等之所以比较坚固,与其蛋白质中所含二硫键较多有关。

(3)盐键(—NH$_3^+$OOC—)

盐键是由一个肽链的氨基酸侧链上的羧基(谷氨酸和天冬氨酸侧链上的—COOH 基)与另一条肽链的氨基酸侧链上的氨基(主要是赖氨酸和精氨酸的侧链上的—NH$_3^+$)之间,相互结合而成的化学键,此键在蛋白质分子中数量较少,易受酸、碱的作用而破坏。

（4）疏水键

疏水键是蛋白质分子中一些疏水性较强的氨基酸（缬氨酸、亮氨酸、异亮氨酸等）的侧链基团能避开水面相互紧密靠拢而形成，并把这个范围的水分子排出去。疏水键主要存在于蛋白质分子的内部，对蛋白质的稳定起着一定的作用。

（5）酯键（R—C—O—R′）

酯键是由羟基氨基酸（丝氨酸、苏氨酸）的羟基与二羧基一氨基氨基酸（谷氨酸、天冬氨酸）的羧基之间脱水缩合而成的键。此键在蛋白质分子中数量不多，水解时可受破坏。

（6）范德华力

范德华力又叫范德华键，其实质也是静电引力。对维持蛋白质分子三、四级结构有一定作用。

3. 蛋白质的空间结构

（1）二级结构

蛋白质分子的二级结构是指肽链主链有规则的盘曲折叠所形成的构象。二级结构仅仅是主链构象，不讨论侧链基团的空间排布。主要包括 α-螺旋、β-折叠、β-转角和无规则卷曲。氢键可以维持二级结构的稳定性。

（2）三级结构

球状蛋白质分子是在一、二级结构基础上再进行三维空间的多向性盘曲折叠，形成特定的近似球状的构象，称为蛋白质分子三级结构。三级结构包括蛋白质分子主链和侧链所有原子或原子团的空间排布关系。

球状蛋白质分子三级结构的构象有下面一些特征：

①三级结构构象近似球形，分子中的亲水基团相对集中地分布在球形分子的表面，疏水基团相对集中地分布在分子内部，形成所谓"亲水表面，疏水核"。

②三级结构构象的稳定性主要靠疏水相互作用维系。

③三级结构形成之后，蛋白质分子的生物活性部位也相应形成。

（3）四级结构

有些球状蛋白质分子是由两个或两个以上的三级结构单位缔合而组成的，通常称为寡聚蛋白。寡聚蛋白分子中的每个三级结构单位称为一个亚基（或亚单位）。所谓蛋白质分子的四级结构就是指寡聚蛋白质分子中亚基与亚基间的立体排布及相互作用关系。

四级结构的稳定性主要靠亚基间的疏水相互作用维系，盐键、氢键、范德华力等次级键也有不同程度的作用。

虽然寡聚蛋白质分子的亚基具有完整的三级结构，但是它与单体蛋白质分子不同。每个亚基单独存在时，生物活性很低或没有活性，只有当各个亚基缔合成完整的四级结构之后（图3-3），才能发挥正常的活性功能。

二级结构：α-螺旋结构和β-折叠结构

0.54

0.15 nm

● 碳原子
● 碳原子（羧基）
● 氮原子

结构域

蛋白质结构 α-螺旋   三级结构   四级结构

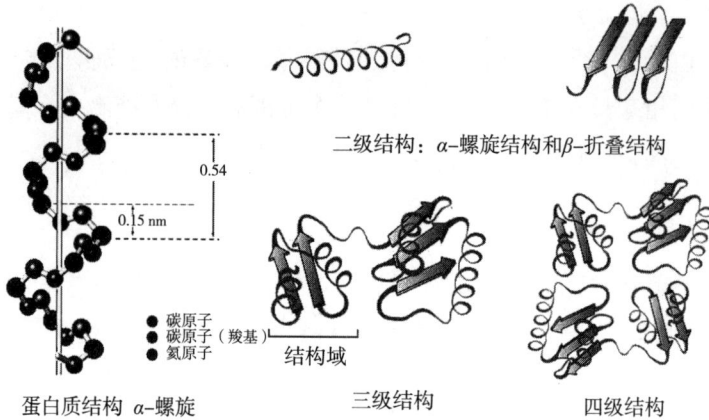

图3-3   蛋白质的结构

第四节   蛋白质的性质及其应用

一、蛋白质的理化性质及其应用

蛋白质是由各种氨基酸组成的,因此,它的一些性质和氨基酸的性质密切相关,如等电点和两性离子等。但由于蛋白质是高分子化合物,相对分子质量大,所以有些性质又与氨基酸不同,如胶体性质、沉淀和变性等。

1. 紫外吸收

酪氨酸、色氨酸、苯丙氨酸三种芳香族氨基酸的 R 基团在 280 nm 波长附近有最大的吸收峰,由于绝大多数蛋白质都含有这三种氨基酸,所以也会有紫外吸收现象。测定蛋白质溶液在 280 nm 的光吸收值是测定溶液中蛋白质含量最便捷的方法。

2. 两性解离

与氨基酸、寡肽和多肽一样,蛋白质也能发生两性解离,具有 pI。蛋白质的两性解离性质是由其表面氨基酸残基的可解离的 R 基团以及肽链两端游离的氨基或羧基造成的。

不同蛋白质的氨基酸组成不同,因此 pI 会不一样。pI 不同的蛋白质在同一 pH 下所带净电荷不同,因而可用离子交换层析或电泳的方法对它们进行分离和纯化。如果蛋白质的碱性氨基酸残基较多,则 pI 偏碱,如果酸性氨基酸残基较多,pI 偏酸。而酸、碱氨基酸含量相近的蛋白质其 pI 大多为中性偏酸。

$$P\begin{matrix} NH_3^+ \\ \\ COOH \end{matrix} \underset{+OH^-}{\overset{+H^+}{\rightleftharpoons}} P\begin{matrix} NH_3^+ \\ \\ COO^- \end{matrix} \underset{+OH^-}{\overset{+H^+}{\rightleftharpoons}} P\begin{matrix} NH_2 \\ \\ COO^- \end{matrix}$$

蛋白质的阳离子   蛋白质的兼性离子   蛋白质的阴离子

各种蛋白质都具有特定的等电点。蛋白质在等电点时溶解度最小,易从溶液中析出。这一性质常用于蛋白质的分离、提纯。这一性质在食品工业上也有利用,如制备凝固型酸奶就是利用这一原理。

3. 胶体性质

一个可溶性蛋白质分子在水溶液中因两性解离而带电,具有电泳、布朗运动、丁达尔现象和不能通过半透膜等典型的胶体性质。

蛋白质之所以能以稳定的胶体形式存在,是因为:

①蛋白质分子大小已达到胶体质点范围,具有较大的表面积。

②蛋白质分子表面有许多极性基团,这些基团与水有高度亲和性,很容易吸附水分子,形成水化膜。水化膜的存在使得蛋白质颗粒彼此难以靠近,增加了蛋白质在溶液中的稳定性,防止它们从溶液中聚集或沉淀出来。

③同一种蛋白质分子在非等电状态时带有同性电荷,使蛋白质颗粒相互排斥,不会聚集沉淀。

如果这些稳定因素被破坏,蛋白质的胶体性质就会被破坏,从而产生沉淀作用。依据这一原理,加工脱水猪肉时,在干燥前调节肉的 pH,使之距离等电点较远,蛋白质在带电情况下干燥,可以避免蛋白质分子的紧密结合,复水时较易嫩化。

蛋白质的胶体性质有重要的生理意义。在生物体中,蛋白质与大量水结合构成各种流动性不同的胶体系统。细胞的原生质就是一种复杂的胶体系统,体内的许多代谢反应即在此系统中进行。

4. 沉淀反应

凡是能破坏水化膜和能中和表面电荷的物质均可导致溶液中的蛋白质发生沉淀。导致蛋白质发生沉淀的因素有:既破坏水化膜又中和电荷的中性盐;中和电荷的等电点;破坏水化膜的有机溶剂;中和电荷的生物碱等。不导致蛋白质变性的沉淀方法经常被用于蛋白质的分离、纯化。

(1)盐析

在蛋白质溶液中加入一定量的中性盐可使蛋白质溶解度降低并沉淀析出的现象称为盐析。发生盐析的原因是因为盐在水中迅速解离后,与蛋白质争夺水分子,破坏蛋白质表面的水化膜。另外,离子可大量中和蛋白质表面上的电荷,使蛋白质成为既不含水化膜又不带电荷的颗粒而聚集沉淀。盐析时所需的盐浓度称为盐析浓度,一般用饱和百分比表示。由于不同蛋白质的分子大小及带电状况各不相同,所以盐析所需的盐浓度不同。因此,可以通过调节盐浓度使混合液中几种不同蛋白质分别沉淀析出,从而达到分离的目的,这种方法称为分段盐析。硫酸铵是盐析中最常用的中性盐。

有时,在蛋白质溶液中加入中性盐的浓度较低时,蛋白质溶解度不降反增,这种现象称为盐溶。盐溶是由于蛋白质颗粒上吸附某种无机盐离子后,蛋白质颗粒带同种电荷而相互排斥,同时与水分子的作用得到加强而造成的。

（2）pI 沉淀

当蛋白质溶液处于 pI 时，蛋白质分子主要以两性离子形式存在，净电荷为零。此时蛋白质分子失去同种电荷的排斥作用，很容易聚集而发生沉淀。

（3）有机溶剂引起的沉淀

某些与水互溶的有机溶剂（如甲醇、乙醇、丙酮等）可使蛋白质产生沉淀，这是由于这些有机溶剂和水的亲和力大，能破坏蛋白质表面的水化膜，从而使蛋白质的溶解度降低并产生沉淀。此法也可用于蛋白质的分离、纯化。

（4）金属盐作用造成的沉淀

当蛋白质溶液的 pH 大于其 pI 时，蛋白质带负电荷，可与金属离子结合形成不溶性的蛋白盐而沉淀。

5. 蛋白质变性

蛋白质变性是指蛋白质受到某些理化因素的作用，其高级结构受到破坏（去折叠）、生物活性随之丧失的现象。蛋白质之所以容易发生变性，是因为维持蛋白质高级结构的作用力主要是次级键被严重破坏。

蛋白质的变性与水解是不同的。蛋白质变性后，一级结构没有发生变化，只是高级结构发生了变化，而水解则导致肽键的断裂。

导致蛋白质变性的物理因素有加热、冷却、机械作用、流体压力和辐射；化学因素有强酸、强碱、高浓度盐、尿素、重金属盐、疏水分子和有机溶剂（如乙醇和氯仿）。

蛋白质变性是一个复杂的过程，其中会出现一些不稳定的中间物。某些蛋白质的变性是可逆的，即在特定的条件下（变性因素解除以后）可以恢复到原来的构象，其生物活性也随之恢复，这就是蛋白质的复性。但大多数蛋白质的变性是不可逆的，例如，冷却一个煮熟的鸡蛋是不会让它的卵清蛋白恢复其三级结构和功能的。

蛋白质变性以后，其理化性质发生一系列的变化。这些变化可以作为检测蛋白质变性的指标。主要变化包括：

①溶解度降低。这是因为变性导致蛋白质内部的疏水基团被暴露。但变性蛋白质不一定都沉降，而沉降出的蛋白质也不一定变性。

②黏度增加。

③生物活性丧失。例如，酶变性后丧失催化功能。

④更容易被水解。这是因为多肽链构象变得更为松散和伸展，肽键更容易受到酸碱或蛋白酶的作用。胃酸的作用除了能杀死微生物，还能让摄入的蛋白质变性，以利于消化道内各种蛋白酶的消化。

⑤结晶行为发生变化。蛋白质变性在现实生活中具有重要意义。在临床上或工作中经常用加热、乙醇、紫外线等来消毒、杀菌，这实际上也就是利用这些手段，使病毒和细菌的蛋白质变性而失去其致病性和繁殖能力。在急救重金属盐中毒患者时也常常利用这一特性。例如，汞中毒时，早期可以服用大量富含蛋白质的乳制品或鸡蛋清，以使摄入蛋白质在

消化道中与汞盐结合成变性的不溶物,从而阻止有毒的汞离子被消化道吸收,然后再通过洗胃等方法将沉淀物洗出。

6. 蛋白质的水解

蛋白质在强酸、强碱或蛋白酶的催化下均能够发生水解。但需要注意的是,酸水解会破坏几种氨基酸,特别是色氨酸几乎全部被破坏,其次是三种羟基氨基酸。另外谷氨酰胺和天冬酰胺在酸性条件下,容易水解成谷氨酸和天冬氨酸。酸水解常用硫酸或盐酸,使用最广泛的是盐酸。

碱水解会导致多数氨基酸遭到不同程度的破坏,并且产生消旋现象,但不会破坏色氨酸。酶水解效率高、不产生消旋作用,也不破坏氨基酸,但由于不同的蛋白酶对肽键特异性不一样,因此,由一种酶水解获得的通常是蛋白质的部分水解产物。

根据被水解肽键的位置,蛋白酶可以分为只能水解肽链内部肽键的内切蛋白酶和专门水解肽链末端肽键的外切蛋白酶。外切蛋白酶又可以分为专门水解 N 端肽键的氨肽酶和专门水解 C 端肽键的羧肽酶。

7. 蛋白质的颜色反应(表3-4)

蛋白质分子中的肽键或者某些氨基酸的 R 基团可与某些试剂产生颜色反应,这些颜色反应经常被用来对蛋白质进行定性或定量分析。

表 3-4　蛋白质的颜色反应

反应名称	反应试剂	颜色	用途
双缩脲反应	硫酸铜、碱性溶液	紫红色(540 nm)	定量测定蛋白质
黄色反应	硝酸	先产生白色沉淀,加热变黄,再加碱呈橙黄色	鉴定含有芳香族氨基酸的蛋白质
米伦氏反应	硝酸、硝酸汞、亚硝酸、亚硝酸汞混合液	先是白色沉淀,加热后变成红色	鉴定含有酪氨酸残基的蛋白质
乙醛酸反应	乙醛酸、浓硫酸	紫色环	鉴定含有色氨酸残基的蛋白质
坂口反应	次氯酸钠、α-萘酚	红色	鉴定含有精氨酸的蛋白质
福林反应	磷钼酸、磷钨酸	蓝色	Lowry 法鉴定含有酪氨酸残基的蛋白质
醋酸铅反应	醋酸铅	黑色	含有半胱氨酸的蛋白质

二、蛋白质的功能性质及其应用

在食品加工、贮运和消费期间,蛋白质的某些物理、化学以及生物化学性质影响到含有蛋白质成分的食品的性能,这些性质称为蛋白质的功能性质。蛋白质的功能性质通常包括蛋白质的水合、溶解度、膨润、乳化性和发泡性等。

1. 蛋白质的水合

蛋白质的许多功能性质都取决于蛋白质和水的作用。蛋白质和水的作用主要表现为水化和持水性。

（1）蛋白质的水化

水化作用是蛋白质分子结构中的多种亲水基与水充分接触后，能集聚大量水分子，形成水化层，使蛋白质成为亲水胶体。大多数食品是蛋白质水化的固态体系，蛋白质中水的存在及存在方式直接影响着食物的质量和口感。干燥的蛋白质原料并不能直接用来加工，须先将其水化后使用。

影响蛋白质水化的因素：

①蛋白质自身的状况，如蛋白质形状、表面积大小、蛋白质粒子表面极性基团数目及蛋白质粒子的微观结构是否多孔等。蛋白质比表面积大、表面极性基团数目多、多孔结构都有利于蛋白质的水化。

②蛋白质的环境因素。蛋白质所处 pH 会影响蛋白质分子的离子化作用和所带净电荷数目，从而改变蛋白质分子间作用力及与水结合的能力。当原料的 pH 处于其等电点时，蛋白质与蛋白质之间的相互吸引作用最大，蛋白质的水化及溶胀最低，就不利于蛋白质结合水的能力的发挥和干燥蛋白质的膨润。

温度对蛋白质的水化作用也有影响。一方面温度升高会导致氢键数量减少，造成蛋白质结合水的数量下降，并且加热使蛋白质产生变性和凝聚作用，导致蛋白质比表面积减少，使蛋白质的结合水的能力降低。另一方面，加热也会使那些原来结合较紧密的蛋白质分子发生解离和开链，导致原先埋藏在蛋白质内部的极性基团暴露出来，这样也会使蛋白质结合水的能力提高。究竟哪种行为占优势，还取决于加热的温度和加热的时间。对蛋白质适度的加热，往往不会损害蛋白质的水化能力，而高温较长时间的加热会损害蛋白质的水化能力。

离子强度对蛋白质的水吸收、溶胀及在溶液中的溶解度有显著的影响。低浓度的盐往往增加蛋白质的水化程度，即发生所谓蛋白质的盐溶。而在高浓度的盐中，由于盐与水的相互作用大于蛋白质与水的相互作用，使蛋白质发生脱水，即发生盐析。

（2）蛋白质的持水性

蛋白质的持水性是指水化了的蛋白质将水保留在蛋白质组织中而不丢失的能力。蛋白质保留水的能力与许多食品的质量，特别是肉类菜肴的质量有重要关系。加工过程中肌肉蛋白质持水性越好，意味着肌肉中水的含量较高，制作出的食品口感鲜嫩。要做到这一点，除了避免使用老龄的动物肌肉外，还要注意使肌肉蛋白质处于最佳的水化状态。比较有实际意义的操作方法是尽量使肌肉远离等电点，如用经过排酸的肌肉进行加工，这时肌肉的 pH 较高，或使用食盐调节肌肉蛋白质的离子强度，使肌肉蛋白质充分水化。

另外，在加工过程中还要避免蛋白质受热过度导致的水分流失，要做到这一点，可以在肌肉的表面裹上一层保护性物质，或采用在较低油温中滑熟的方法处理。

2. 蛋白质的溶解度

蛋白质的溶解度是指蛋白质和溶剂相互作用达到平衡时的状态。

根据蛋白质的溶解度性质可将其分成四类:第一类是清蛋白,能溶于 pH 为 6.6 的水中,例如血清蛋白、卵清蛋白和乳清蛋白;第二类是球蛋白,能溶于 pH 为 7.0 的稀盐溶液,例如大豆球蛋白和乳球蛋白;第三类是谷蛋白,既能溶于酸性(pH 2)也能溶于碱性(pH 12)溶液,例如小麦谷蛋白。第四类是醇溶谷蛋白,能溶于 70% 乙醇,例如玉米醇溶蛋白和麦醇溶蛋白。

3. 蛋白质的膨润

蛋白质的膨润是指蛋白质吸水后不溶解,在保持水分的同时,赋予制品强度和黏度的一种重要功能特性。加工中有大量的蛋白质膨润的实例,如以干凝胶形式保存的干明胶、鱿鱼、海参、蹄筋的发制等,由于吸附了大量的水,膨润后的凝胶体积膨大。干凝胶发制时的膨化度越大,出品率越高。

干蛋白质凝胶的膨润与凝胶干制过程中蛋白质的变性程度有关。在干制脱水过程中,蛋白质变性程度越低,发制时的膨润速度越快,复水性越好,更接近新鲜时的状态。真空冷冻干燥得到的干制品对蛋白质的变性作用最低,所以,复水后的产品质量最好。

膨润过程中的 pH 对干制品的膨润及膨化度的影响也非常大。蛋白质在远离其等电点的情况下水化作用较大,基于这样的原理,许多原料采用碱发制。由于碱性蛋白质容易产生有毒物质,所以对碱发的时间及碱的浓度都要进行控制,并在发制完成后充分地漂洗。碱是强的氢键断裂剂,膨润过度会导致制品丧失应有的黏弹性和咀嚼性,所以碱发过程中的品质控制是非常重要的。

有一些干货原料,用水或碱液浸泡都不易涨发,这就需要先进行油发或盐发。这是因为这类蛋白质下凝胶大多是以蛋白质的二级结构为主的纤维状蛋白如角蛋白、胶原蛋白、弹性蛋白组成,结构坚硬、不易水化。用热油(120℃左右)及热盐处理,蛋白质受热后部分氢键断裂,水分蒸发使制品膨大多孔,利于蛋白质与水发生相互作用而水化。

4. 蛋白质的乳化性与发泡性

(1)乳化性

蛋白质有良好的亲水性,其更适宜乳化成油/水(O/W)型乳状液。蛋白质能否形成良好的乳状液,取决于蛋白质的表面性质。表面性质良好的蛋白质有:酪蛋白(脱脂乳粉)、大豆蛋白、血浆及血浆球蛋白、肉和鱼中的肌动蛋白。

一般来说,蛋白质的溶解度越高就越容易形成良好的乳状液。可溶性蛋白的乳化能力高于不溶性蛋白的乳化能力。肉制品加工时,在肉糜中加入 0.5~1.0 mol/L 的氯化钠能提高肌纤维蛋白的乳化能力。大多数蛋白质在远离其等电点的 pH 条件下乳化作用更好。这时,蛋白质有高的溶解度并且蛋白质带有电荷,有助于形成稳定的乳状液,这类蛋白有大豆蛋白、花生蛋白、酪蛋白、乳清蛋白及肌纤维蛋白。还有少数蛋白质在等电点时具有良好的乳化作用,同时蛋白质与脂肪的相互作用增强,这样的蛋白有明胶和蛋清蛋白。

(2)发泡性

食品泡沫是指气泡(空气、二氧化碳)分散在含有可溶性表面活性剂的连续液态或半固体相中的分散体系,其中表面活性剂起稳定泡沫的作用。常见的食品泡沫有:蛋糕、打擦发泡的加糖蛋白、蛋糕的顶端饰料、冰淇淋、啤酒泡沫等。

蛋白质在食品泡沫中通过吸附到气—液界面并形成一定强度的保护膜,起到稳定气泡的作用。提高泡沫中主体液相的黏度有利于气泡的稳定,但同时也会抑制气泡的膨胀。所以,在打擦蛋白泡沫时,糖应在打擦起泡后加入。脂类会损害蛋白质的起泡性,在打擦蛋白时,应避免接触到油脂。泡沫形成前对蛋白质溶液进行适度的热处理可以改进蛋白质的起泡性能,过度的热处理会损害蛋白质的起泡能力。对已形成的泡沫加热,泡沫中的空气膨胀,往往导致气泡破裂及泡沫解体。只有蛋清蛋白在加热时能维持泡沫结构。

5. 蛋白质的风味结合

蛋白质本身是没有气味的,然而它们能结合风味化合物,进而影响食品的感官品质。一些蛋白质,尤其是油料种子蛋白质和乳清浓缩蛋白质,能结合不期望风味物,限制了它们在食品中的应用价值。

蛋白质结合风味物的性质也具有有利的一面。在制作食品时,蛋白质可以用作风味物的载体和改良剂。在加工含植物蛋白质的仿真肉制品时,蛋白质的这个性质特别有用,可成功地模仿肉类风味。

第五节　各类食品中的蛋白质

一、动物性食品中的蛋白质

1. 肉类蛋白质

肉类蛋白质主要存在于肌肉中。供人类食用的肉类蛋白主要为猪、牛、羊、鸡、鸭和鱼等的肌肉。肉类蛋白质可分为三部分:肌浆中的蛋白质、肌原纤维中的蛋白质和基质蛋白质。

(1)肌浆中的蛋白质

肌浆蛋白占肌肉总蛋白的 20%~30%。肌浆蛋白黏度低,常称为肌肉的可溶性蛋白质,主要参与肌肉纤维中的物质代谢。肌浆中的蛋白质包括肌溶蛋白、肌粒中的蛋白质和肌红蛋白。肌溶蛋白可溶于水,加热到 52℃时即凝固。肌粒中的蛋白质含多种酶,与肌肉收缩功能有关。肌红蛋白是由珠蛋白与辅基血红素组成的含铁蛋白,使肌肉呈红色,因动物种类和年龄不同而含量不同,一般运动量大的肌肉含量多且色深。

(2)肌原纤维中的蛋白质

肌原纤维蛋白主要包括肌球蛋白、肌动蛋白、肌动球蛋白等。这些蛋白质占肌肉蛋白质总量的 51%~53%,它们与肉及肉制品的物理性质密切相关。肌球蛋白易生成凝胶,对热不稳定。肌动蛋白有球状和纤维状。肌动球蛋白是由肌动蛋白与肌球蛋白形成的复合物,它能反映肌肉的收缩与松弛。

（3）基质蛋白质

主要成分是硬蛋白类的胶原蛋白、弹性蛋白、网状蛋白等,不溶于水和盐溶液,为不完全蛋白质。

2. 胶原和明胶

胶原是皮、骨和结缔组织中的主要蛋白质。胶原的氨基酸组成有以下特征:脯氨酸、羟脯氨酸和甘氨酸含量高;蛋氨酸含量少;不含色氨酸或胱氨酸。因此胶原是不完全蛋白质。

明胶是胶原分子热分解的产物。工业生产明胶就是把胶原含量高的组织如皮、骨于加碱或加酸的热水中长时间的提取而制得。明胶不溶于冷水,而溶于热水中,冷却时凝固成富有弹性的凝胶,其等电点为 $8 \sim 9$。凝胶具有热可逆性,加热时熔化,冷却时凝固,其溶胶是典型的亲水胶体。明胶在加热、紫外线及某些有机试剂的作用下会失去溶解性和凝胶性。由于明胶与凝胶具有热可逆性,故大量应用于食品工业特别是糖果制造中。

3. 乳蛋白质

乳蛋白质是乳汁中重要的组成成分,它是一种完全蛋白质,乳蛋白质的成分随品种而变化。牛乳的乳蛋白质主要包括 80% 左右的酪蛋白和 20% 左右乳清蛋白,此外还有少量的脂肪球膜蛋白质。

（1）酪蛋白

酪蛋白是典型的磷蛋白。酪蛋白主要以酪蛋白酸钙—磷酸钙的配合物形式存在,称为酪蛋白胶粒。酪蛋白胶粒在牛乳中比较稳定,但经冻结或加热等处理,也会发生凝胶现象。在 130℃ 加热数分钟,酪蛋白变性而凝固沉淀。在酸或凝乳酶的作用下,酪蛋白胶粒的稳定性因被破坏而凝固。干酪就是利用凝乳酶对酪蛋白的凝固作用制成的。

（2）乳清蛋白

脱脂牛乳中的酪蛋白沉淀下来以后,保留在其上的清液即为乳清,存在于乳清中的蛋白质称为乳清蛋白质。其主要成分是 β-乳球蛋白和 α-乳清蛋白,另外还有少量的血清白蛋白和免疫球蛋白、酶等。

（3）脂肪球膜蛋白质

在乳脂肪球周围的薄膜中吸附着少量的蛋白质,称为脂肪球膜蛋白质。它是磷脂蛋白质。

二、植物性食品中的蛋白质

1. 种子蛋白质

人类食用的植物蛋白质主要来源于谷类、豆类及其他油料种子中,所以称它们为种子蛋白质。

（1）谷类蛋白质

谷类中的蛋白质含量均较低,一般在 10% 左右,小麦和大麦约含 13%,大米和玉米约含 9%。

小麦蛋白质可按它们的溶解度分为清蛋白(溶于水)、球蛋白(溶于 10% NaCl,不溶于水)、麦胶蛋白(溶于 70%、90%乙醇)和麦谷蛋白(不溶于水或乙醇,溶于酸或碱)。清蛋白和球蛋白占小麦胚乳蛋白质的 10%~15%。麦胶蛋白和麦谷蛋白是构成面筋的主要成分,又称为面筋蛋白质。面筋蛋白质是从面粉中分离出来的水不溶性蛋白质,约占面粉蛋白质的 85%,它决定面团的特性。

(2)油料种子蛋白质

大豆、花生、棉籽、向日葵、油菜和许多其他油料作物的种子中除了油脂以外还含有丰富的蛋白质。因此提取油脂后的饼粕是重要的蛋白质资源。大豆种子中含 35%~40%的蛋白质,而大豆粉粕中含有 44%~50%的蛋白质,是目前最重要的植物蛋白质来源。油料种子蛋白质中最主要的成分是球蛋白类,其中又包含很多组分。

2. 叶蛋白

叶蛋白,又称绿色蛋白浓缩物,是以新鲜牧草或其他青绿植物为原料,经压榨后,从其汁液中提取的浓缩粗蛋白质产品。目前在生产实践中应用最多的是苜蓿,它不仅叶蛋白产量高,而且凝聚颗粒大,容易分离,品质好。许多国家种植苜蓿以生产叶蛋白,主要用于饲料,纯品可用于食品。

三、可食用的蛋白质新资源

1. 单细胞蛋白质

单细胞蛋白质是一些单细胞或多细胞生物蛋白质的统称,它主要由某些酵母、真菌与细菌等食用微生物和藻类提供。单细胞蛋白质的营养价值高,氨基酸的种类齐全,赖氨酸等的必需氨基酸含量较高,是较优质的蛋白质。另外,单细胞蛋白质在开发上有很多优势,如它可以利用含糖类的废液进行工业化连续生产,不受气候地理条件限制,并且节约土地使用面积,生产速度快、投资少。单细胞蛋白质目前主要供饲用。

2. 昆虫蛋白质

昆虫是动物界中最大的类群,不仅种类繁多,繁殖迅速,而且数量巨大,几乎占了动物界的五分之四。昆虫蛋白的氨基酸组成中,蛋氨酸和半胱氨酸含量较低,但赖氨酸和苏氨酸的含量高。在发展中国家以小麦、大米以及玉米为主食的食品中,通常缺乏赖氨酸或苏氨酸,而昆虫蛋白质此类氨基酸含量丰富,可以作为补充蛋白食入。

3. 食用菌蛋白质

食用菌是巨大的尚未充分开发的蛋白质资源,其蛋白质的含量通常在 15%~35%(干品),高者可达 40%~60%。1 kg 干蘑菇含的蛋白质相当于 2 kg 瘦肉或 3 kg 鸡蛋或 12 kg 牛奶的蛋白质含量,尤其是组成蛋白质的 20 多种氨基酸,食用菌含 18 种之多,其中 8 种必需氨基酸齐备。

第六节　蛋白质在加工贮藏过程中的变化

从原料加工、贮运到消费者食用的整个过程中,食品中的蛋白质会经受各种处理,如加热、冷冻、干燥、辐射及酸碱处理等,蛋白质会发生不同程度的变化。了解这些变化,有助于我们选择更好的手段和条件来加工和贮藏蛋白质食品。

一、加热处理

食品经过热加工,一般可以改善食用品质,易被酶水解,从而提高消化率。对植物蛋白质而言,在适宜的加热条件下可破坏胰蛋白酶和其他抗营养的抑制素。此外,粮食米面制品焙烤时,色氨酸等会与糖类发生羰氨反应,产生诱人的香味和金黄色。

但是蛋白质不能过度加热,过度加热会使蛋白质分解、氨基酸氧化,还会使氨基酸键之间交换形成新的酰胺键,既不利于酶的作用,又使食品风味变劣,甚至产生有害物质。所以,选择适宜的热处理条件是食品加工工艺的关键。

二、低温处理

对食品进行冷藏和冷冻加工能抑制微生物的繁殖、酶活性及化学变化,从而延缓或防止蛋白质的腐败,有利于食品的保存。在冷藏或冷冻食品时,细胞内和细胞间隙的自由水和一部分结合水结冰,从而使存在于原生质的蛋白质分子的一部分侧链暴露出来。同时由于水变成冰导致体积膨胀,冰品的挤压使蛋白质质点互相靠近、凝聚沉淀,发生变性。因此冷冻会引起食品中蛋白质变性,造成食物性状的改变。所以冰结晶形成的速度和蛋白质变性程度有很大关系,若慢慢降温,会形成较大的冰晶,对食品原组织破坏较大,而快速冷冻则多形成细小结晶,对食品质量影响较小。

另外解冻也会造成蛋白质的变性。冷冻肉类时,肉组织会受到一定程度的破坏,蛋白质持水力丧失。例如解冻以后鱼体变得既干又韧,风味变差。

三、脱水

食品经过脱水干燥,有利于贮藏和运输。但过度脱水,或干燥时温度过高、时间过长,蛋白质中的结合水受到破坏,则会引起蛋白质的变性。特别是过度脱水时蛋白质受到热、光和空气中氧的影响,会发生氧化等作用,因而食品的复水性降低、硬度增加、风味变劣。冷冻真空干燥能使蛋白质分子外层的水化膜和蛋白质分子间的自由水先结冰,后在真空条件下升华蒸发,达到干燥的目的。这样不仅蛋白质分子变性少,而且还能保持食品的色、香、味。

四、碱处理

蛋白质经过碱处理,会发生许多变化,在碱度不高的情况下能改善溶解度和口味。有的还能破坏毒性,如菜籽饼粕和棉籽饼粕用碱处理可以去除芥子苷和棉酚。

轻度碱变性不一定造成蛋白质品质劣化,但长时间,较强碱性加热时,更多的是产生不利影响。碱处理可使精氨酸、胱氨酸、色氨酸、丝氨酸和赖氨酸等发生构型变化,由天然的 L-型氨基酸转化为 D-型氨基酸,而 D-型氨基酸不利于人体内酶的作用,人体也难以吸收,从而导致必需氨基酸损失,蛋白质消化吸收率降低。因此,在食品加工中,应避免强碱性条件。

五、辐射

在低剂量范围内,电子束辐射处理对冷冻鸡肉的蛋白质、脂肪和感官品质没有影响,仅造成维生素 A、维生素 B_1 等维生素明显的损失,但在强辐射情况下会产生蛋白质游离基发生聚合,使蛋白质分子之间交联,导致蛋白质功能性质的改变。辐照后冷却猪肉中会产生一些含硫有机挥发性异味化合物。

六、氧化

食品在加工贮藏过程中,蛋白质与空气中的氧、脂质过氧化物和氧化剂发生氧化反应。如为了杀菌、漂白、除去残留农药等,常常使用一定量的氧化剂。各种氧化剂会导致蛋白质中的氨基酸残基发生氧化反应。为防止这类反应的发生,可加抗氧化剂、采用真空或充氮包装贮存等措施防止蛋白质被氧化。

七、机械加工

食品在加工过程中,如果蛋白质受到机械的挤压,也会发生变性,例如油料种子在进行轧胚时,因受到轧辊的挤压会引起原料中蛋白质的立体结构遭到破坏,但是这种变性对于油脂制取是有利的。

【实验实训】

实验实训一　蛋白质的性质实验

一、实验目的

认识蛋白质的性质。

二、实验原理

1. 蛋白质的灼烧

棉线的主要成分是纤维素,灼烧时没有气味,发出黄色的火焰,能平稳地燃烧,最后留下白色的灰分。

毛料上的毛线主要成分是蛋白质,灼烧时有焦毛味,会发出"噼噼"的声音,并卷缩成团,最后成一小团黑色物质。若找不到小块毛料,可用头发或小段毛线代替。但要注意不要误将腈纶线当成羊毛线。

2. 蛋白质的盐析

在蛋白质溶液中加入一定量的中性盐可使蛋白质溶解度降低并沉淀析出。盐在水中迅速解离后,与蛋白质争夺水分子,破坏蛋白质表面的水化膜。另外,离子可大量中和蛋白质表面上的电荷,使蛋白质成为既不含水化膜又不带电荷的颗粒而聚集沉淀。

在所有的盐中,$(NH_4)_2SO_4$ 具有特别强的盐析能力,不论在弱酸性溶液中还是在中性溶液中都能沉淀蛋白质。使用 $(NH_4)_2SO_4$ 时,使溶液呈酸性反应会更有利于盐析作用。$(NH_4)_2SO_4$ 饱和溶液不能加得太少,如果加入固体 $(NH_4)_2SO_4$,效果会更明显。

3. 蛋白质的变性

维持蛋白质高级结构的次级键被破坏,生物活性随之丧失,蛋白质即发生变性。

物理因素如加热、冷却、机械作用、流体压力、辐射和化学因素如强酸、强碱、高浓度盐、尿素、重金属盐、有机溶剂(如乙醇和氯仿)等均可使蛋白质发生变性。

4. 蛋白质的颜色反应

往未稀释的鸡蛋白液体里滴加浓硝酸 8~10 滴,很快就显现黄色,现象很明显。把浓硝酸滴在煮熟的鸡蛋白或白色羽毛上,也立即显现黄色。

三、原料及器材

试管、试管夹、烧杯、滴管、镊子、玻璃棒、纱布、酒精灯、火柴、棉线、纯毛线、蒸馏水。

四、试剂

1. 鸡蛋白的水溶液

实验所用的蛋白质溶液不能太稀,而且要现配现用。

配制方法:

①蒸馏水:使用经过煮沸并封在容器中隔绝空气冷却的蒸馏水。

②取鸡蛋蛋白新鲜鸡蛋的两端各钻一个小洞,把鸡蛋竖直,鸡蛋白顺利地从下端的小口流出,蛋黄留在蛋壳里。配制鸡蛋白溶液时,不能使蛋黄混入,因为蛋白和蛋黄是两类不同性质的蛋白质。

③溶液配制：将 25 mL 鸡蛋清与 100 mL 蒸馏水混合均匀后，用洁净的湿纱布垫在漏斗上过滤，滤液即是鸡蛋白溶液。

2. $(NH_4)_2SO_4$ 饱和溶液

3. 10% $CuSO_4$ 溶液

4. 甲醛溶液

5. 浓硝酸

五、操作步骤

1. 蛋白质的灼烧

分别点燃一小段棉线和纯毛线，观察现象并注意闻气味。

2. 蛋白质的盐析

在试管里加入 1~2 mL 鸡蛋白的水溶液，然后加入少量 $(NH_4)_2SO_4$ 饱和溶液，观察现象。把少量沉淀倾入另一支盛有蒸馏水的试管里，观察沉淀是否溶解。

3. 蛋白质的变性

在试管里加入 2 mL 鸡蛋白的水溶液，加热，观察现象。把试管里的下层物质取出一些放在水里，观察现象。

在试管里加入 3 mL 鸡蛋白的水溶液，然后加入 1 mL $CuSO_4$ 溶液，观察现象。把少量沉淀放入盛有蒸馏水的试管里，观察沉淀是否溶解。

在试管里加入 2 mL 鸡蛋白的水溶液，然后加入 2 mL 甲醛溶液，观察现象。把少量沉淀放入盛有蒸馏水的试管里，观察沉淀是否溶解。

4. 蛋白质的颜色反应

在试管里加入少量鸡蛋白的水溶液，然后滴入几滴浓硝酸，微热，观察现象。

实验实训二　蛋白质两性性质及等电点的测定

一、实验目的

1. 了解蛋白质的两性性质

2. 掌握通过聚沉测定蛋白质等电点的方法

二、实验原理

蛋白质是两性电解质。蛋白质分子中可以解离的基团除 N 端 α-氨基与 C 端 α-羧基外，还有肽链上某些氨基酸残基的侧链基团，如酚基、巯基、胍基、咪唑基等基团，它们都能解离为带电基团。因此，在蛋白质溶液中存在着下列平衡：

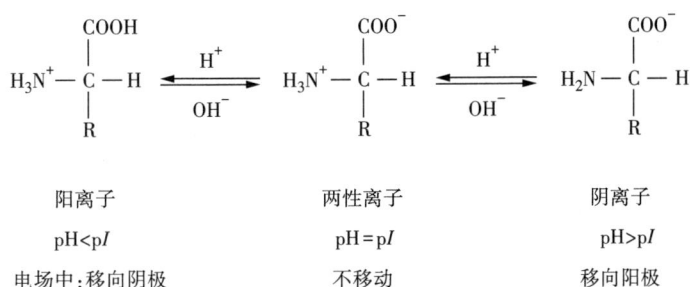

$$H_3N^+ - \overset{\displaystyle COOH}{\underset{\displaystyle R}{C}} - H \quad \underset{OH^-}{\overset{H^+}{\rightleftharpoons}} \quad H_3N^+ - \overset{\displaystyle COO^-}{\underset{\displaystyle R}{C}} - H \quad \underset{OH^-}{\overset{H^+}{\rightleftharpoons}} \quad H_2N - \overset{\displaystyle COO^-}{\underset{\displaystyle R}{C}} - H$$

阳离子	两性离子	阴离子
$pH < pI$	$pH = pI$	$pH > pI$
电场中:移向阴极	不移动	移向阳极

调节溶液的 pH 使蛋白质分子的酸性解离与碱性解离相等,即所带正负电荷相等,净电荷为零,此时溶液的 pH 值称为蛋白质的等电点。在等电点时,蛋白质溶解度最小,溶液的混浊度最大。配制不同 pH 的缓冲液,观察蛋白质在这些缓冲液中的溶解情况即可确定蛋白质的等电点。

三、原料及器材

1. 测试样品

0.5% 酪蛋白溶液:称取酪蛋白(干酪素)0.25 g 放入 50 mL 容量瓶中,加入约 20 mL 水,再准确加入 1 mol/L NaOH 5 mL,当酪蛋白溶解后,准确加入 1 mol/L 乙酸 5 mL,最后加水稀释定容至 50 mL,充分摇匀。

2. 器材

试管 1.5×15 cm;移液管 1 mL、2 mL、10 mL;胶头滴管。

四、试剂

1. 乙酸

1 mol/L 乙酸:吸取 99.5% 乙酸(比重 1.05)2.875 mL,加水至 50 mL。

0.1 mol/L 乙酸:吸取 1 mol/L 乙酸 5 mL,加水至 50 mL。

0.01 mol/L 乙酸:吸取 0.1 mol/L 乙酸 5 mL,加水至 50 mL。

2. NaOH

0.2 mol/L NaOH:称取 NaOH 2.000 g,加水至 50 mL,配成 1 mol/L NaOH。然后量取 1 mol/L NaOH 10 mL,加水至 50 mL,配成 0.2 mol/L NaOH。

3. HCl

0.2 mol/L HCl:吸取 37.2%(比重 1.19)HCl 4.17 mL,加水至 50 mL,配成 1 mol/L HCl。然后吸取 1 mol/L HCl 10 mL,加水至 50 mL,配成 0.2 mol/L HCl。

4. 0.01% 溴甲酚绿指示剂

称取溴甲酚绿 0.005 g,加 0.29 mL 1 mol/L NaOH,然后加水至 50 mL。

五、操作步骤

1. 蛋白质的两性反应

①取一支试管,加 0.5%酪蛋白 1 mL,再加溴甲酚绿指示剂 4 滴,摇匀。此时溶液呈蓝色,无沉淀生成。

②用胶头滴管慢慢加入 0.2 mol/L HCl,边加边摇直到有大量的沉淀生成。此时溶液的 pH 值接近酪蛋白的等电点。观察溶液颜色的变化。

③继续滴加 0.2 mol/L HCl,沉淀会逐渐减少以至消失。观察此时溶液颜色的变化。

④滴加 0.2 mol/L NaOH 进行中和,沉淀又出现。

⑤继续滴加 0.2 mol/L NaOH,沉淀又逐渐消失。观察溶液颜色的变化。

2. 酪蛋白等电点的测定

①取同样规格的试管 7 支,按表 3-5 精确地加入下列试剂。

表 3-5　酪蛋白等电点的测定

试剂/mL	管　号						
	1	2	3	4	5	6	7
1.0 mol/L 乙酸	1.6	0.8	0	0	0	0	0
0.1 mol/L 乙酸	0	0	4	1	0	0	0
0.01 mol/L 乙酸	0	0	0	0	2.5	1.25	0.62
H_2O	2.4	3.2	0	3	1.5	2.75	3.38
溶液的 pH	3.5	3.8	4.1	4.7	5.3	5.6	5.9
0.5%酪蛋白	1	1	1	1	1	1	1
混浊度							

②充分摇匀,然后向以上各试管依次加入 0.5%酪蛋白 1 mL,边加边摇,摇匀后静置 5 min,观察各管的混浊度。

③用-、+、++、+++等符号表示各管的混浊度。根据混浊度判断酪蛋白的等电点。最混浊的一管的 pH 值即为酪蛋白的等电点。

【思考与练习】

一、单项选择题

1. 各种蛋白质含氮量很接近,平均为(　　)。

A. 24%　　　　B. 55%　　　　C. 16%　　　　D. 6.25%

2. 维持蛋白质一级结构的作用力主要是(　　)。

A. 肽键　　　B. 疏水作用力　　C. 二硫键　　　D. 氢键

3. 处在等电点状态的蛋白是(　　　)。

A. 正电荷大于负电荷　　　　　B. 负电荷大于正电荷

C. 正电荷等于负电荷　　　　　D. 无任何基团解离

4. 当蛋白质处于等电点时,可使蛋白质分子的(　　　)。

A. 稳定性增加　　　　　　　　B. 表面净电荷不变

C. 表面净电荷增加　　　　　　D. 溶解度最小

5. 蛋白质变性是由于(　　　)。

A. 一级结构改变　　　　　　　B. 空间构象破坏

C. 辅基脱落　　　　　　　　　D. 蛋白质水解

二、填空题

1. 组成蛋白质的基本单位是＿＿＿＿＿＿＿＿＿＿。

2. 蛋白质的空间结构是由＿＿＿＿＿＿＿＿＿结构决定的。

三、判断题(在题后括号内打√或×)

1. 蛋白质是两性电解质,当溶液 pH 在其等电点以上时,蛋白质带负电荷,pH 在等电点以下时,蛋白质带正电荷。(　　　)

2. 蛋白质的营养价值主要取决于氨基酸的组成和比例。(　　　)

四、简答题

1. 必需氨基酸有哪几种?

2. 对于含有蛋白质的食品,蛋白质腐败过程中发生的最重要的反应是什么?

3. 蛋白质的沉淀有几种形式?

4. 简述蛋白质沉淀、变性及水解的区别。

第四章　脂类

学习目标
1. 了解脂类的特征及分类。
2. 掌握脂肪及脂肪酸的性质。
3. 了解油脂在食品加工中的变化。

第一节　概述

一、脂类的概念

脂类是生物体内一大类溶于有机溶剂而不溶于水的化合物的总称。脂类主要由 C、H、O 三种元素组成,有的还含有 N、S、P 等元素。脂类在自然界中广泛存在。

脂类的共同特征是:一般不溶于水而溶于乙醚、氯仿等有机溶剂;具有酯的结构或成酯的可能;能被生物体利用,是构成生物体的重要成分。

二、脂类的分类

脂类按其结构和组成可分为单纯脂类、复合脂类、衍生脂类(图 4-1)。

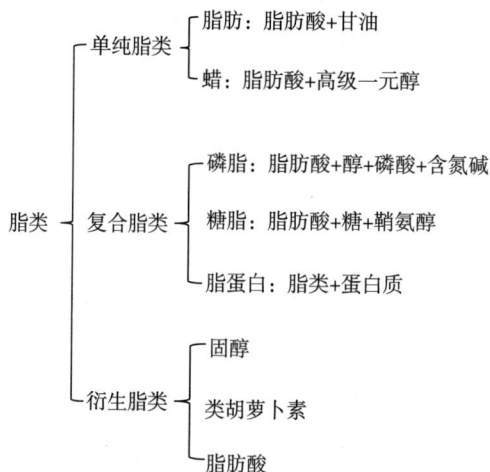

```
                    ┌─ 脂肪:脂肪酸+甘油
        单纯脂类 ─┤
                    └─ 蜡:脂肪酸+高级一元醇

                    ┌─ 磷脂:脂肪酸+醇+磷酸+含氮碱
脂类 ─  复合脂类 ─┤  糖脂:脂肪酸+糖+鞘氨醇
                    └─ 脂蛋白:脂类+蛋白质

                    ┌─ 固醇
        衍生脂类 ─┤  类胡萝卜素
                    └─ 脂肪酸
```

图 4-1　脂类的分类

1. 单纯脂类

仅指由高级脂肪酸和醇构成的酯,包括脂肪和蜡。

2. 复合脂类

由脂肪酸、醇和其他基团组成的酯,主要包括磷脂、糖脂、脂蛋白。

3. 衍生脂类

指由单纯脂类和复合脂类衍生而仍具有脂类的一般特征的物质及萜类和固醇等。

三、脂类的存在

脂类广泛存在于一切生物体中。高等动物和人体内脂肪含量因营养条件和生理状况的不同而变化很大。高等动物和人体内脂肪大都存在于大网膜、肠系膜、皮下脂肪等结缔组织中。植物油脂集中于果实和种子内。

很多植物的叶、茎、果实表皮覆盖一层很薄的蜡质,可以保护内部组织、防止细菌侵入和调节水分平衡。很多动物的表皮和甲壳也有蜡层保护。蜡在人体内不被消化,无营养价值。

磷脂参与生物细胞的基本结构组成。有些磷脂是高等动物神经鞘膜的基本结构物质。糖脂、类固醇类等参与生物膜的组成。

四、脂类的生物学作用

脂类广泛分布于各种生物细胞和组织中,其生物学功能多种多样。

1. 脂肪是生物体内贮存能量的主要形式

脂肪是许多生物贮存能量的主要形式。在大多数真核细胞中,脂肪以微小的油滴形式存在于含水的胞液中。脊椎动物具有脂肪细胞专门用于贮存脂肪。许多植物的种子中也贮存大量的脂肪,尤其是油料作物的种子,依靠脂肪作为种子萌发提供能量和合成前体。1 g 脂肪彻底氧化可产生 38 kJ 的能量。

2. 脂类具有润滑、保护、保温隔热的作用

人和动物的皮下填充着脂肪,不仅作为能量的来源,而且起到保温、隔热的作用。人和动物的皮下和肠系膜脂肪组织还起防震填充物的作用。

3. 脂类是生物膜的重要组成部分

生物膜是指细胞膜、细胞的质膜、核膜和各种细胞器的膜。磷脂和鞘脂是构成生物膜的重要成分,而且各种生物膜的骨架大多是由磷脂构成脂质双分子层。参与构成磷脂双分子层的还有固醇和糖脂。磷脂双分子层的表面是亲水性的,内部由烃链构成疏水区。磷脂双分子层有屏障作用,使膜两侧的亲水性物质不能自由通过,对维持细胞正常的结构和功能有重要意义。

4. 脂类是生物细胞内重要的生理活性物质

生物细胞内含有许多具有重要生物活性的脂类物质,如类固醇激素,萜类化合物中维

持人体和动物正常生长所必需的脂溶性维生素和类胡萝卜素等多种光合色素等。脂类是脂溶性维生素的溶剂,有利于脂溶性维生素的吸收。

第二节 脂肪

单纯脂类是由高级脂肪酸和醇构成的酯。根据不同的醇基可以分为脂肪和蜡。

一、脂肪的结构及组成

1. 脂肪的结构

脂肪是由甘油的三个羟基分别与三分子的脂肪酸缩合、失水后形成的酯。通常称为中性脂肪、甘油三酯。其分子结构如下:

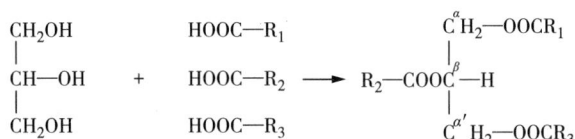

$$\begin{array}{ccc} CH_2OH & HOOC\!-\!R_1 & \overset{\alpha}{C}H_2\!-\!OOCR_1 \\ | & & | \\ CH\!-\!OH \quad + \quad HOOC\!-\!R_2 \longrightarrow & R_2\!-\!COO\overset{\beta}{C}\!-\!H \\ | & & | \\ CH_2OH & HOOC\!-\!R_3 & \overset{\alpha'}{C}H_2\!-\!OOCR_3 \end{array}$$

R$_1$、R$_2$、R$_3$ 可以相同,也可不完全相同,甚至完全不同   R$_2$ 多数为不饱和脂肪酸

当脂肪中含不饱和脂肪酸较多时,在室温下呈液态,通常称为油;反之,含饱和脂肪酸较多时,在室温下呈固态,通常称为脂。两者统称为油脂或中性脂。

大多数天然油脂都是简单甘油三酯和混合甘油三酯的混合物,前者含有相同的脂肪酸,后者分子中存在两种或三种不相同的脂肪酸。甘油单酯和甘油二酯在自然界中存在量虽不大,但它们常常是多种生物合成反应中的重要中间化合物。

2. 甘油

甘油又名丙三醇,是构成脂肪的醇基部分。甘油的分子式为 $C_3H_8O_3$,是无色澄明黏稠液体,无臭,有甜味。甘油与水及乙醇可以任何比例互溶,但不溶于乙醚、氯仿及苯。

甘油在高温下与脱水剂(无水 $CaCl_2$、$KHSO_4$、$MgSO_4$ 等)共热,失水生成有刺激鼻、眼黏膜的辛辣气味的丙烯醛,可用这一反应鉴定甘油。

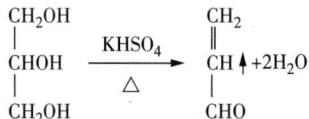

$$\begin{array}{ccc} CH_2OH & & CH_2 \\ | & \xrightarrow[\triangle]{KHSO_4} & \| \\ CHOH & & CH \uparrow +2H_2O \\ | & & | \\ CH_2OH & & CHO \end{array}$$

3. 脂肪酸

脂肪酸是由脂肪烃基和羧基相连形成的羧酸。生物体内的脂肪酸绝大部分是以结合形式存在,游离形式数量极少。从动植物和微生物中分离的脂肪酸已有百种以上。脂肪酸碳氢链通常为直链,但在一些植物和细菌中,还存在支链脂肪酸。脂肪酸通常由 4~36 个碳原子组成,最常见的由 10~26 个碳原子组成,且多为偶数。

脂肪酸常用简写法为：$C_{x:y}$，C 表示碳原子，x 表示碳数，y 表示双键数目，中间以冒号分开，最后写出双键的位置或双键的位置写在前面。如软脂酸（棕榈酸）写成 $C_{16:0}$；亚油酸写成 $C_{18:2}(9,12)$ 或 $18：2^{\triangle 9,12}$ 或 $9,12\text{-}C_{18:2}$（表 4-1）。

表 4-1　常见天然脂肪酸

分类	习惯命名	系统命名	简写符号	存在
饱和脂肪酸	羊脂酸	癸酸	$C_{10:0}$	乳脂、椰子油
	月桂酸	十二烷酸	$C_{12:0}$	月桂、一般油脂
	豆蔻酸	十四烷酸	$C_{14:0}$	花生、椰子油
	软脂酸	十六烷酸	$C_{16:0}$	所有油脂中
	硬脂酸	十八烷酸	$C_{18:0}$	所有油脂中
	花生酸	二十烷酸	$C_{20:0}$	花生油
不饱和脂肪酸	棕榈油酸	9-十六碳烯酸	$9\text{-}C_{16:1}$	多数动植物油
	油酸	9-十八碳烯酸	$9\text{-}C_{18:1}$	所有油脂中
	亚油酸	9,12-十八碳二烯酸	$9,12\text{-}C_{18:2}$	各种油脂
	α-亚麻酸	9,12,15-十八三烯酸	$9,12,15\text{-}C_{18:3}$	亚麻油、苏子油
	γ-亚麻酸	6,9,12-十八碳三烯酸	$6,9,12\text{-}C_{18:3}$	月见草
	花生四烯酸	5,8,11,14-二十碳四烯酸	$5,8,11,14\text{-}C_{20:4}$	卵黄、脑、花生油
	EPA	5,8,11,14,17-二十碳五烯酸	$5,8,11,14,17\text{-}C_{20:5}$	深海鱼
	DHA	4,7,10,13,16,19-二十二碳六烯酸	$4,7,10,13,16,19\text{-}C_{22:6}$	深海鱼

脂肪酸可分为以下几种类型：

（1）按照链的长短分

按脂肪酸碳链长度分为短链脂肪酸（含 2~6 个碳）、中链脂肪酸（含 8~12 个碳）和长链脂肪酸（含 14 个碳以上）。

（2）按照饱和程度分

脂肪酸根据其分子内是否含有双键可以分为饱和脂肪酸（SFA）与不饱和脂肪酸（UFA）。饱和脂肪酸的碳链中不含双键，有软脂酸、硬脂酸等。不饱和脂肪酸又可分为单不饱和脂肪酸（MUFA），其碳链只含有一个不饱和双键，有油酸（$C_{18:1}$）、棕榈油酸（$C_{16:1}$）；多不饱和脂肪酸（PUFA），其碳链含两个或多个双键，有亚油酸（$C_{18:2}$）和亚麻酸（$C_{18:3}$）等。

（3）按照空间结构分

按照脂肪酸空间结构分类可分为顺式脂肪酸和反式脂肪酸。在顺式脂肪酸中，与双键两端碳原子相连的氢原子在链的同侧，而反式脂肪酸则相反。

顺式脂肪酸和反式脂肪酸的立体结构不同，性质也有差异。顺式脂肪酸多为液态，熔点较低；而反式脂肪酸多为固态或半固态，熔点较高。

天然食物中的油脂，其脂肪酸结构多为顺式脂肪酸。人造黄油是植物油氢化处理后制成的。在此过程中,植物油中的双键与氧结合变成饱和键,使其形态由液态变为固态,结构也由顺式变为反式。研究表明,反式脂肪酸可升高血清低密度脂蛋白胆固醇(LDL-C),降低高密度脂蛋白(HDL-C),有增加心血管疾病的危险。

(4)按照营养功能分

根据脂肪酸的营养功能对其分类,可分为必需脂肪酸和非必需脂肪酸。

必需脂肪酸(EFA)是指机体不能合成,必须从食物中摄取的脂肪酸。早期认为亚油酸、亚麻酸、花生四烯酸是必需脂肪酸。现在认为亚麻酸和花生四烯酸在体内可由亚油酸合成及转化而来。因此亚油酸是最重要的脂肪酸。必需脂肪酸的最好食物来源是植物油类,动物油中含量不多。

非必需脂肪酸是人体能够合成,可以不从食物中摄取。非必需脂肪酸主要是饱和脂肪酸。

二、脂肪的性质

1. 物理性质

(1)色泽与气味

纯净的脂肪是无色无味的。天然油脂略带黄绿色,是由于一些脂溶性色素(如类胡萝卜素、叶绿素等)所致。油脂精炼脱色后,色泽变浅。一般动物油脂所含的色素少,颜色较浅;植物油中含色素较多,颜色深一些。油脂中的杂质对颜色也有一定影响,杂质越多,透明度越差。

多数油脂无挥发性,少数油脂含油短链脂肪酸,会产生臭味。油脂的气味大部分是由非脂成分引起的,如芝麻油的香味是由乙酰吡嗪引起的;椰子油的香味是由壬基甲酮引起的;而菜籽油受热时,黑芥子苷受热分解产生刺激性气味。

油脂在长期贮存后,由于空气中的氧气或油脂中含有微生物的缘故,会使油脂中的脂肪酸发生某些反应,生成具有较强挥发性的物质,使油脂产生不正常的气味。

(2)熔点与沸点

脂肪是甘油酯的混合物,因此不会像单纯的有机化合物那样具有确定的熔点,而是仅有一个范围。一般油脂的最高熔点在 40~55℃ 之间。脂肪熔点的高低主要取决于形成脂肪的脂肪酸。脂肪酸的碳链越长,饱和程度越高,脂肪的熔点越高。含饱和脂肪酸多的油脂如猪油含饱和脂肪酸 43% 左右,在常温下呈固态;含不饱和脂肪酸多的油脂熔点低,如一般日常用的食用植物油(除椰子油外)含不饱和脂肪酸在 80% 以上,在常温下呈液态。

油脂的熔点影响人体内脂肪的消化吸收率。油脂的熔点低于 37℃(正常体温)时,在消化器官中易消化吸收,消化率可达 97%~99%。熔点高于体温的脂肪较难消化,例如牛油、羊油,只有趁热食用才容易消化。几种食用油脂的熔点与消化率见表 4-2。

表4-2　几种食用油脂的熔点与消化率

油脂名称	熔点/℃	消化率/%	油脂名称	熔点/℃	消化率/%
大豆油	-8~18	91	猪油	36~50	94
花生油	0~3	98	羊油	44~55	81
向日葵油	-16~-19	96.5	牛油	42~50	89
奶油	28~26	98	人造黄油	28~42	87

脂肪的沸点也与参与其组成的脂肪酸有关,沸点随脂肪酸碳链的增加而升高;饱和度不同但碳链长度相同的脂肪酸的沸点接近。油脂的沸点一般在180~200℃之间。

（3）发烟点、闪点与燃点

脂肪的发烟点、闪点、燃点是脂肪接触空气加热时的稳定性指标。

发烟点是指在不通风的情况下,观察到的油样发烟时的温度。闪点是油样挥发的物质能被点燃,但不能维持燃烧时的温度。燃点是指油样挥发的物质能被点燃,并能维持燃烧超过5 s时的温度。

发烟点是油脂中的小分子物质挥发引起的,这些小分子物质可以是油脂加工中混入的,也可能是油脂热分解产生的,发烟后的油脂会产生一些危害人体健康的物质。所以油炸用油尽量选择精炼的、热稳定性高的油脂。各类油脂的发烟点差异不大,精炼后的油脂发烟点一般在240℃左右。但未精炼的油脂,特别是游离脂肪酸含量较高的油脂,其发烟点、闪点与燃点大幅降低。

（4）溶解性和乳化性

油脂不溶于水,能溶于丙酮、乙醚等非极性的有机溶剂。在有乳化剂的情况下,油脂可与水发生乳化作用而形成乳浊液。按照油、水两相数量之比,乳浊液分为油包水型和水包油型。油包水型是水分散在油中,如奶油。水包油型是油分散在水中,如牛奶。

使不相溶的两相中的一相均匀地分散在另一相的物质称为乳化剂。常见的乳化剂有单硬脂酸甘油酯、磷脂、蔗糖脂肪酸酯、丙二醇脂肪酸酯等。

油脂本身也是一种良好的有机溶剂,能溶解某些天然色素、维生素及风味物质,如胡萝卜素、维生素A、维生素D等。

2.化学性质

（1）水解与皂化

有水存在时,油脂在加热、酸、碱及脂水解酶的作用下发生水解反应,产生游离脂肪酸,称为油脂水解,过程如下:

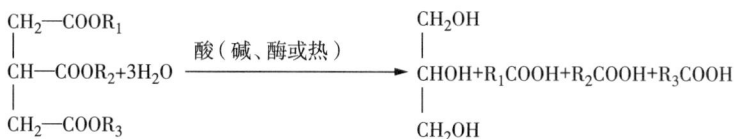

$$\begin{array}{c} CH_2{-}COOR_1 \\ | \\ CH{-}COOR_2 + 3H_2O \\ | \\ CH_2{-}COOR_3 \end{array} \xrightarrow{\text{酸（碱、酶或热）}} \begin{array}{c} CH_2OH \\ | \\ CHOH + R_1COOH + R_2COOH + R_3COOH \\ | \\ CH_2OH \end{array}$$

油脂在碱性条件下的水解生成甘油和脂肪酸盐。高级脂肪酸盐即为皂,因此反应也称皂化反应。工业上利用此反应制取肥皂。完全皂化 1 g 油脂所需氢氧化钾的毫克数称为皂化值。反应:

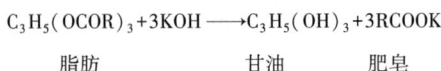

$$C_3H_5(OCOR)_3 + 3KOH \longrightarrow C_3H_5(OH)_3 + 3RCOOK$$

脂肪　　　　　　　　甘油　　　　肥皂

在贮藏与使用中,油脂都会不同程度地发生水解反应。油脂的品质指标常用酸价来表征。酸价是中和 1 g 油脂中的游离脂肪酸所需要的氢氧化钾的毫克数。它因油脂的精炼程度、保存时间及水解程度不同而有差异。例如:完全精炼好的油脂,酸价一般在 0.003 mg KOH/g 左右,而毛油酸价多在 1 mg KOH/g 以上。因此酸价是衡量油脂品质好坏的指标。

在有生命的动物组织脂肪中,不存在游离脂肪酸。在动物宰杀后,油脂在体内脂水解酶的作用下生成游离脂肪酸。因此需要对宰后的食用脂肪进行高温熬炼,使脂水解酶失活。

成熟的植物油料种子也存在脂水解酶,在制油前脂肪已有相当数量的水解,产生大量的游离脂肪酸。因此植物油在提取后需要碱炼以中和游离脂肪酸。

在油炸过程中,食物中的水进入油中,油脂水解释放出游离脂肪酸,导致油的发烟点降低。发烟点随脂肪酸含量增高而降低,油品质下降,风味变差。

然而在有些食品加工如巧克力、干酪、酸奶的生产中,轻度的水解有利于产生风味。

(2)加成反应

含有不饱和脂肪酸的油脂可以与 H_2、I_2 等发生加成反应。

①氢化:植物油脂的稳定性较差,在食品加工中应用范围较窄。因此在油脂工业中对油脂中不饱和脂肪酸在催化剂(如铂)存在的条件下,进行加氢处理,对植物油进行改性。

$$-CH=CH- + H_2 \xrightarrow{\text{催化剂}} CH_2-CH_2-$$

氢化反应后的油脂称为氢化油或硬化油。氢化油双键减少,熔点上升,固体脂数量增加,不易酸败,便于贮藏和运输。氢化反应可用来生产人造奶油、起酥油,还可以用来生产稳定性高的煎炸用油。

但在油脂氢化时,不饱和脂肪酸会发生构型改变,天然顺式不饱和脂肪酸转变成反式脂肪酸。不饱和脂肪酸氢化时产生的反式脂肪酸占 8%～70%。反式脂肪酸影响人体健康。

②卤化:含不饱和脂肪酸的油脂可以与卤素发生加成反应,生成饱和的卤化酯,此反应称为卤化。吸收卤素的量反应油脂不饱和键多少。可以用碘价反应油脂的不饱和程度。碘价是指 100 g 脂肪所能吸收的 I_2 克数。碘价越高,双键越多。碘价高的油脂容易氧化。

(3)油脂的酸败

油脂及含油较高的食品在贮存过程中,由于物理、化学及生物因素的影响,品质变劣甚至失去食用价值,表现为油脂颜色加深、产生特殊气味(哈喇味),这种现象称为油脂酸败。

根据发生的原因,酸败可分为三种类型。

①水解型酸败:含低级脂肪酸较多的油脂被微生物污染或含水量较高时,容易发生水解。产物中的低级脂肪酸如丁酸、己酸、辛酸等,会产生不愉快的气味,造成油脂变劣。奶油、椰子油易产生此类型酸败。

②酮型酸败(β-型氧化酸败):在一系列酶的催化作用下,油脂水解产生的饱和脂肪酸发生氧化,最终形成具有特殊刺激性臭味的酮酸和甲基酮。由于氧化发生在β碳原子上,故又称β-型氧化酸败。

上述两种油脂酸败,多数是由于微生物污染造成的。一般含水和蛋白质含量较高或油脂未经精炼及含杂质较多的食品,易被微生物污染,产生酸败。

③氧化型酸败:氧化型酸败是由不饱和脂肪酸引起的氧化过程,是油脂及含油脂多的食品发生酸败的主要途径。油脂中的不饱和脂肪酸在有氧的环境中发生自动氧化过程,生成过氧化物。过氧化物继续分解,产生的低级醛、酮、酸类化合物具有强烈的刺激性臭味,特别是醛类气味更为突出。发生氧化酸败的油脂,感官性状及理化特性均会发生改变。

防止油脂氧化酸败的措施有:

①隔绝空气:油脂或含油脂高的食品尽量密闭保存,避免油脂与空气接触。

②低温保存:高温加速油脂氧化,低温有利于保存。

③避光:光尤其是紫外线、射线,能促进油脂中脂肪酸链的断裂,加速油脂酸败。

④防水:将油脂存放于通风干燥处,或用加热的方法去除油脂中的水分。

⑤非金属容器存放:微量金属如铁、铜、锰等离子,是油脂自动氧化酸败的强力催化剂。它们的存在加快了氧化反应的速率。因此不宜长期用金属容器存放油脂,可采用玻璃容器、瓷质容器及不锈钢容器。

⑥添加抗氧化剂:在油脂中添加脂溶性抗氧化剂以延长油脂的贮存期。常用的天然抗氧化剂有:胡萝卜素、维生素 E、卵磷脂等;合成抗氧化剂有:丁基羟基茴香醚、二丁基羟基甲苯、没食子酸丙酯等。

此外,还要注意环境卫生,防止微生物的污染。

(4)热变性

油脂经过长时间加热会出现黏度增高、酸价升高、产生刺激性气味等变化,营养价值下降。这种油脂在高温下发生的一系列物理化学变化,称为油脂的热变性。

①热聚合:油脂分子中不饱和脂肪酸的双键在高于 300℃高温作用下发生加成聚合反应。聚合作用可发生在同一油脂分子内的不饱和双键之间,也可以在不同油脂分子的不饱和双键之间发生反应。温度越高聚合作用越快,油脂黏度增加、颜色变黑。

②热水解缩合:油脂残存水分促使油脂在受热后水解,部分水解产物间发生失水缩合,形成分子量倍增的化合物。

③热分解:油脂在温度高于 300℃时,可分解为酮、醛、酸等,金属离子如 Fe^{2+} 的存在可

以催化分解过程。

三、食用油脂在食品加工中的作用

食用油脂是食品加工中广泛应用的原料之一,有着多种不同的功能。

1. 油脂的热传导作用

油脂具有热容量小、沸点高、导热性能好的特点。油脂通过对流的形式起着热传导作用。油受热后油温上升快,上升幅度也较大。如停止加热或减少火力,其温度下降也较迅速,这样便于火候的控制和调味。

2. 油脂的呈色作用

焦糖化反应和美拉德反应是食品非酶褐变的主要途径。焦糖化反应要求在无水条件下进行,美拉德反应要求有100~150℃的高温。油脂在加热中能完全满足焦糖化和美拉德反应的要求,是食品获得诱人色泽的最好传热介质。不同种类的油脂具有不同的颜色,恰当地利用油的本身色泽,能起到色味俱佳的效果。

3. 油脂的保温作用

因为油的相对密度较水小,食用油脂在水中由于亲油基团的疏水作用在液面扩散形成一层薄厚均匀的致密油膜。如煮动物性原料时,原料中的脂肪达到熔点而熔化后逐渐漂浮在汤汁表面,并由薄变厚形成一层致密的层,阻止因水分蒸发而散失的热量。

4. 油脂的溶剂作用

油脂是一种极好的有机溶剂,能溶解一些脂溶性维生素、香气物质。一些脂溶性维生素溶于油中,可增加人体对它们的吸收,满足人体对维生素的需要。油脂可将加热形成的芳香物质由挥发性的游离态转变为结合态,使成品的香气和味道变得更加柔和协调。

5. 油脂的润滑作用

油脂不溶于水,可在原料表面形成油膜,防止原料粘手。

6. 油脂的起酥作用

在面点制作中,常利用油脂的疏水性做油酥面团。在面团调制时,只用油不用水,反复揉搓,面粉颗粒被油脂包围,使面团滑软。

第三节 磷脂

一、磷脂的结构、组成与种类

磷脂结构比较复杂,由醇类、脂肪酸、磷酸和一个含氮化合物(含氮碱)组成。根据其中醇基部分的种类又可分为甘油磷脂和非甘油磷脂两类,二者在生物学上都有非常重要的意义。对食品而言,甘油磷脂最为重要。甘油磷脂主要有卵磷脂和脑磷脂,其结构通式为:

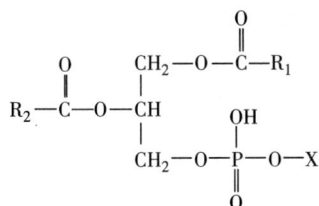

$$\begin{array}{c} O \\ \| \\ CH_2{-}O{-}C{-}R_1 \\ | \\ R_2{-}C{-}O{-}CH \quad OH \\ \| \qquad\qquad | \qquad | \\ O \qquad\quad CH_2{-}O{-}P{-}O{-}X \\ \| \\ O \end{array}$$

式中，R_1、R_2 分别代表脂肪酸烃残基，X 代表氨基醇或肌醇。

1. 卵磷脂

卵磷脂是动植物中分布最广的磷脂，主要存在于动物的卵、植物的种子（如大豆）及动物的神经组织中，因其在蛋黄中含量最多，故得此名。卵磷脂分子中的 R_1 为硬脂酸或软脂酸，R_2 为油酸、亚油酸、亚麻酸及花生四烯酸等不饱和脂肪酸，X 为胆碱。

卵磷脂可溶于乙醚、乙醇但不溶于丙酮。分子中磷酸根及胆碱基可与酸、碱反应成盐。纯净的卵磷脂是吸水性很强的无色蜡状物。由于有不饱和脂肪酸，卵磷脂稳定性差，遇空气易氧化变成黄褐色，在食品中常用作抗氧化剂。

2. 脑磷脂

脑磷脂因从脑和神经组织中得到而得名。脑磷脂在心脏、肝脏等器官中与卵磷脂共存。

脑磷脂与卵磷脂的碱基不同，一类的碱基是乙醇胺（胆胺），另一类的碱基是丝氨酸。脑磷脂与卵磷脂的性质相似。

二、磷脂的在食品加工中的作用

1. 乳化作用

磷脂分子中既含有亲水基团（磷酸残基、胆碱残基），又含有疏水基团（脂肪酸的烃基）。磷脂是种天然的乳化剂，能使水和油互不相容的两相之间形成较稳定的乳状液，特别是卵磷脂是极好的水包油型乳化剂。在面点制作中利用磷脂可以使油脂均匀分布在面团中，不仅有利于加工制作，而且使制品口感细腻可口。

2. 利用吸水性保持产品松软

磷脂分子中的亲水基团具有较强的吸水性，使用富含磷脂的原料添加到面点中或涂抹到其表面，有利于吸收空气中水分，防止食品表面干裂，可保持产品的松软。

3. 磷脂对油脂及食品质量的影响

磷脂有胶体性质，能吸附水、微生物和其他杂质，并易将其带人油脂中，这些物质会促进油脂水解和酸败，缩短了油脂的贮存期，同时也使油脂的透明度下降，颜色加深。

磷脂的胶体作用还能使它与被它吸附的物质一起成为大胶团从油脂中沉淀出来，变成油脚，降低了油脂的品质。所以，一般食用植物油，都通过精炼去除磷脂。磷脂都是从油脂厂的下脚料中制得的。

用未精炼过的油脂煎炸食品时,油脂中的磷脂受热,易起泡和降低油脂的发烟点。在较高温度时,易产生焦褐色小渣,不但影响使用,还会影响食品的外观和色泽。所以,油炸和煎炒使用的油脂,应选用精炼除去磷脂的油脂。

第四节　固醇

固醇类的基本骨架是环戊烷多氢菲,称为甾核。固醇类的结构特点是在甾醇的 3 位上有一个羟基和 17 位上有 8~10 个碳原子的烃链。固醇在生物体内以游离态或脂肪酸酯的形式存在。根据其来源又可分为动物固醇、植物固醇和菌固醇。

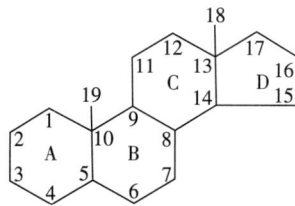

环戊烷多氢菲

一、胆固醇

胆固醇即为动物固醇,又称胆甾醇,广泛分布于动物组织中,在脑、神经组织中含量较高。在食品中胆固醇以卵黄含量最多,肥肉、乳类含量也较多。

胆固醇无味,无臭,熔点为 148.5℃,不溶于水、酸或碱,不能皂化,易溶于乙醚、氯仿、丙酮、油脂及胆酸盐。胆固醇的羟基可与脂肪酸结合,生成酯。胆固醇在体内还可转变成胆汁酸盐,或者可乳化脂肪,促进脂肪的消化吸收。

胆固醇是维持人体生理功能不可缺少的物质,是构成细胞膜的重要成分。胆固醇也是胆汁的组成成分,经胆道排入肠腔,可帮助脂类消化吸收。胆固醇的衍生物 7-脱氢胆固醇经阳光中紫外线照射后能转化为维生素 D_3,这是人体获得维生素 D 的一条重要途径。此外,胆固醇还能转变为肾上腺皮质激素和性激素,这些激素具有重要的生理作用。人体内只有含有一定量的胆固醇才能维持正常的机能。但胆固醇含量过高时,会沉积在血管壁上引起动脉粥样硬化,易引起心血管疾病。

二、植物固醇

植物固醇有麦角固醇、豆固醇、谷固醇等,其结构式如图 4-2 所示。麦角固醇最初是由麦角中分离出而得名,酵母菌、长了麦角的黑麦和小麦中都含有。麦角固醇经紫外线照射后,可转变成维生素 D_2。豆固醇、谷固醇分别存在于豆类和谷类的油脂中。

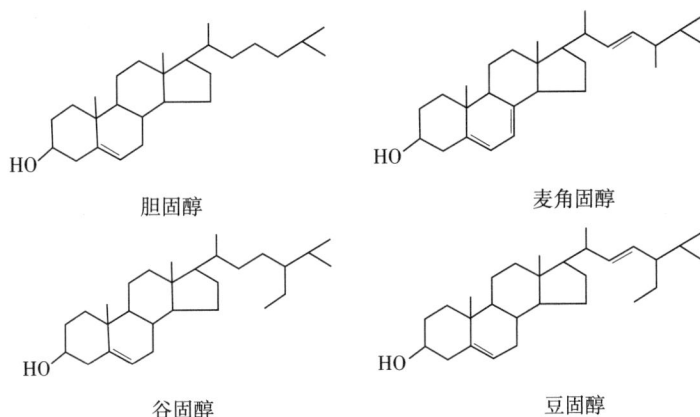

胆固醇   麦角固醇

谷固醇   豆固醇

图 4-2　各种固醇结构式

【实验实训】

实验实训三　油脂酸价测定

一、目的要求

掌握测定油脂中游离脂肪酸含量的方法。

二、实验原理

油脂暴露于空气中一段时间后,在脂肪水解酶或微生物繁殖所产生的酶作用下,部分甘油酯会分解产生游离的脂肪酸,使油脂变质酸败。通过测定油脂中游离脂肪酸含量反映油脂新鲜程度。游离脂肪酸的含量可以用中和 1 g 油脂所需的氢氧化钾 mg 数,即酸价来表示。通过测定酸价的高低来检验油脂的质量。

三、仪器和试剂

1. 原料与仪器

油脂、锥形瓶、量筒、碱式滴定管、分析天平。

2. 试剂

中性乙醇—石油醚混合溶液(1:1)、0.05 mol/L KOH 标准溶液、1%酚酞指示剂。

四、实验步骤

①取干净洁净的锥形瓶两只,分别准确称取油脂样品 2.0 g,另取一只锥形瓶不加油样作为空白对照。

②在 3 只瓶中分别加入 30 mL 乙醇—石油醚混合液,仔细摇动混匀。

③油脂溶解后加入 1% 酚酞指示剂 1~2 d,用 0.05 mol/L 标准氢氧化钾溶液进行滴定至溶液出现浅红色,30 s 不褪色为止。

五、计算

$$酸价 = (V_2 - V_1) \times 0.05 \times 56/W$$

式中:V_2——滴定油样时耗用氢氧化钾溶液的体积,mL;

V_1——滴定空白对照耗用氢氧化钾溶液的体积,mL;

W——油样质量,g。

酸价 ≤ 1 mg/g,计算结果保留 2 位小数;1 mg/g < 酸价 ≤ 100 mg/g,计算结果保留 1 位小数;酸价 > 100 mg/g,计算结果保留至整数。

【思考与练习】

一、名词解释

酸价、乳化、油脂酸败

二、单项选择题

1.(   )是最重要的必需脂肪酸。

A. 亚油酸   B. 花生四烯酸   C. 亚麻酸   D. 油酸

2. 反式脂肪酸室温下是(   )。

A. 液态   B. 汽态   C. 固态   D. 固液混合

3. 下列不属于表征脂肪特点的指标是(   )。

A. 酸价   B. 皂化值   C. 糖含量   D. 酯值

4. 中和 1 g 油脂中的游离脂肪酸所需要的氢氧化钾的毫克数指的是(   )。

A. 酸价   B. 皂化值   C. 碘价   D. 酯值

5. 磷脂属于(   )。

A. 脂肪酸   B. 单脂质   C. 复合脂类   D. 衍生脂类

6. 脂肪的性质与其中所含(   )有很大关系。

A. 脂肪酸   B. 甘油   C. 醛   D. 磷脂

三、简答题

1. 影响油脂酸败的因素有哪些? 采取什么措施可防止油脂酸败的发生?

2. 简述油脂在食品加工中的作用。

第五章　糖类

学习目标

1.掌握单糖、低聚糖的理化性质及其应用。

2.熟悉糖类物质的分类及各糖类的组成特点。

3.了解几种重要的单糖、低聚糖和多糖的结构组成特点及在食品工业中的应用。

第一节　概述

一、糖类的概念

糖类又称为碳水化合物。从元素组成来看,糖类由 C、H、O 三种元素组成;从结构本质而言,糖类是多羟基醛或多羟基酮及其缩合物和衍生物的总称。

二、糖类的分类

根据糖类物质分子结构、能否水解及水解产物,可将糖类分为单糖、低聚糖、多糖和结合糖四类。

1.单糖

单糖是不能再被水解的最简单的多羟基醛或多羟基酮,是糖类物质中最简单的一类。

2.低聚糖

低聚糖也叫寡糖,是由 2~10 个单糖分子脱水缩合而成的糖类,完全水解后得到相应分子数的单糖。根据水解后生成单糖分子的数目,低聚糖又可分为双糖、三糖、四糖等。其中以双糖最为重要、存在最为广泛,蔗糖、麦芽糖和乳糖是其重要代表。

3.多糖

多糖是少则十几个,多则成千上万个单糖分子脱水缩合而成的复杂糖类。若多糖是由相同的单糖脱水缩合而成的,称为同多糖,如淀粉、纤维素、糖原等;若多糖是由不相同的单糖缩聚而成的,则称为杂多糖,如果胶、半纤维素等。

4.结合糖

结合糖是指糖与非糖物质的结合物,也叫复合糖或者糖的衍生物。结合糖分布广泛,功能多种多样。常见的重要的结合糖有糖胺、糖酸、糖脂和脂多糖、糖蛋白、蛋白聚糖等。

第二节 单糖

单糖是最简单的糖类物质。根据含碳原子的数目,单糖可分为丙糖(三碳糖)、丁糖(四碳糖)、戊糖(五碳糖)、己糖(六碳糖)和庚糖(七碳糖)等;根据分子中是含醛基还是酮基,单糖又可分为醛糖和酮糖。这两种分类方法常结合起来使用。如甘油醛是最简单的丙醛糖;二羟丙酮是最简单的丙酮糖。

一、常见的单糖

常见的单糖主要有丙糖、丁糖、戊糖、己糖。

1. 丙糖

重要的丙糖有 D-甘油醛和二羟丙酮,它们的磷酸酯是糖代谢的重要中间产物。D-甘油醛和二羟丙酮的结构式如下:

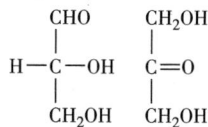

$$
\begin{array}{cc}
CHO & CH_2OH \\
| & | \\
H-C-OH & C=O \\
| & | \\
CH_2OH & CH_2OH
\end{array}
$$

D-甘油醛 二羟丙酮

2. 丁糖

自然界常见的丁糖有 D-赤藓糖和 D-赤藓酮糖。它们主要存在于藻类、地衣和丝状菌中,其磷酸酯也是糖代谢的中间产物。D-赤藓糖和 D-赤藓酮糖的结构式如下:

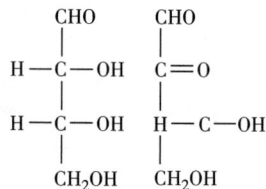

$$
\begin{array}{cc}
CHO & CHO \\
| & | \\
H-C-OH & C=O \\
| & | \\
H-C-OH & H-C-OH \\
| & | \\
CH_2OH & CH_2OH
\end{array}
$$

D-赤藓糖 D-赤藓酮糖

3. 戊糖

自然界存在的戊醛糖主要有 D-核糖、D-2-脱氧核糖、D-木糖和 L-阿拉伯糖。它们大多以多聚戊糖或以糖苷的形式存在。常见的戊酮糖有 D-核酮糖和 D-木酮糖,均是糖代谢的中间产物。在理论上可能存在的戊糖中,L-阿拉伯糖、D-核糖、D-木糖是最普遍最主要的戊糖。

D-木糖在植物中分布很广,以结合状态的木聚糖形式存在于半纤维素中。

D-核糖是所有活细胞的普遍成分之一,它是核糖核酸的重要组成成分。细胞核中还有 D-2-脱氧核糖,它是 DNA 的组分之一。

L-阿拉伯糖在高等植物体内以结合状态存在。它一般结合成半纤维素、树胶及阿拉伯树胶等。

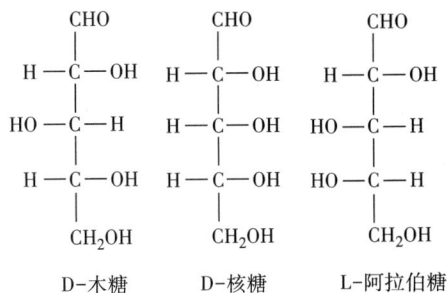

D-木糖   D-核糖   L-阿拉伯糖

4. 己糖

重要的己醛糖有 D-葡萄糖、D-甘露糖、D-半乳糖;重要的己酮糖有 D-果糖、D-山梨糖。它们的链式与环式结构见图 5-1。

(1)葡萄糖

葡萄糖是生物界分布最广泛最丰富的单糖,尤以葡萄中含量较多,因此叫葡萄糖,多以 D 型存在。在绿色植物的种子、果实及蜂蜜中有游离的葡萄糖。葡萄糖是许多糖类如蔗糖、麦芽糖、乳糖、淀粉、糖原、纤维素等的组成单元。

D-葡萄糖的比旋光度为+52.5°,呈片状结晶。酵母可使其发酵。

葡萄糖是人体内最主要的单糖,是糖代谢的中心物质。葡萄糖也存在于人的血液中(3.9~6.1 mmol/L),称作血糖。糖尿病患者的尿中含有葡萄糖,含糖量随病情的轻重而不同。

葡萄糖可以被人体直接吸收。在肝脏内,葡萄糖在酶的作用下氧化成葡萄糖醛酸,即葡萄糖末端上的羟甲基被氧化生成羧基。葡萄糖醛酸在肝中可与有毒物质如醇、酚等结合变成无毒化合物由尿排出体外,可达到解毒作用。

(2)果糖

D-果糖以游离状态存在于水果和蜂蜜中,它是单糖中最甜的糖类。比旋光度为-92.4°,呈针状结晶,吸湿性很强。42%果葡糖浆的甜度与蔗糖相同(40℃),在 5℃时甜度为 143,适于制作冷饮。食用果糖后血糖不易升高,且有滋润肌肤的作用。

(3)甘露糖

甘露糖是植物黏质与半纤维素的组成成分。比旋光度+14.2°。酵母可使其发酵。

(4)半乳糖

半乳糖仅以结合状态存在。半乳糖与葡萄糖结合成乳糖,存在于哺乳动物的乳汁中。乳糖、蜜二糖、棉籽糖、琼脂、树胶、黏质和半纤维素等都含有半乳糖。D-半乳糖熔点 167℃,比旋光度+80.2°,可被乳糖酵母发酵。人体内的半乳糖是摄入食物中乳糖的水解产物。在酶的催化下半乳糖能转变为葡萄糖。

（5）山梨糖

山梨糖是酮糖，存在于细菌发酵过的山梨汁中。山梨糖是合成维生素 C 的中间产物，在制造维生素 C 工艺中占有重要地位。山梨糖又称清凉茶糖，其还原产物是山梨糖醇，存在于桃李等果实中。山梨糖的熔点 159~160℃，比旋光度-43.4°。

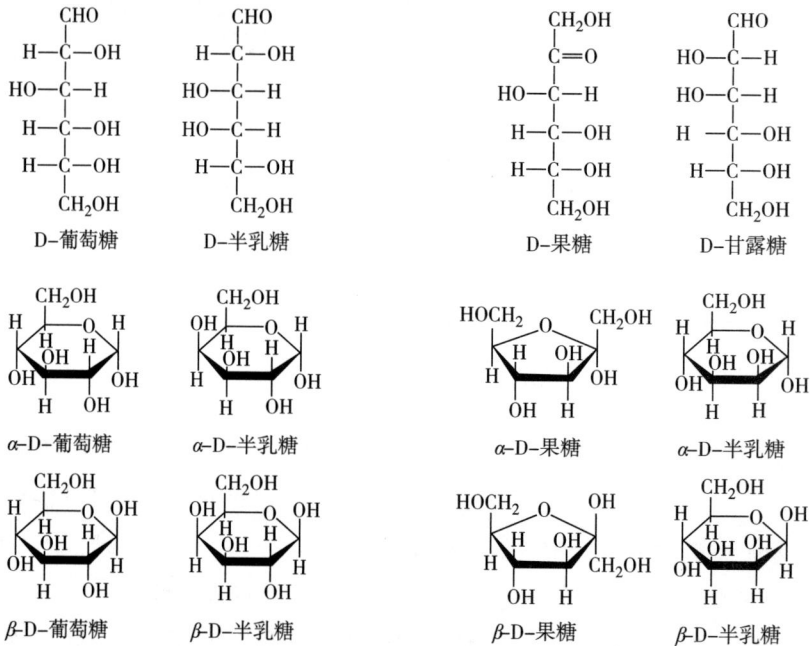

图 5-1　己糖的结构式

二、单糖的性质

1. 单糖的物理性质

（1）旋光性

物质使偏光的偏振面或振动面向左或向右旋转一定角度的能力，称旋光性。向右旋用"+"表示，向左旋用"-"表示。除丙糖外，糖分子都含有不对称碳原子，因此，其溶液都有旋光性。在一定条件下，测定一定浓度糖溶液的旋光性，可通过公式计算其比旋光度。每种糖都有特征性的比旋光度，如表 5-1 所示。根据糖的比旋光度可鉴别糖的纯度。

表 5-1　几种糖的比旋光度（20℃）

单糖	比旋光度	低聚糖、多糖	比旋光度
D-阿拉伯糖	-105°	麦芽糖	+130.4°
L-阿拉伯糖	+104.5°	蔗糖	+66.5°
D-木糖	+8.8°	转化糖	-19.8°
D-葡萄糖	+52.2°	糊精	+195°

续表

单糖	比旋光度	低聚糖、多糖	比旋光度
D-果糖	−92.4°	乳糖	+55.4°
D-半乳糖	+80.2°	淀粉	+196°
D-甘露糖	+14.2°	糖原	+196°~197°

（2）溶解性

单糖分子的多个羟基增加了其水溶性，尤其在热水中的溶解度。单糖不溶于丙酮、乙醚等有机溶剂。各种单糖的溶解度不一样，果糖的溶解度最高，其次是葡萄糖。温度对溶解过程和溶解速度具有决定性影响，在一定温度范围内，水都能溶解一定量（饱和量）可溶性糖。

（3）甜度

各种单糖和低聚糖都有一定的甜味，而多糖则无甜味。甜味的强弱用相对甜度来区分，不同的糖甜度有差别。通常用感官品评的方法，规定蔗糖作为参考物。一般以20℃时10%或15%的蔗糖水溶液的甜度规定为100，在同样条件下，其他糖与蔗糖相比，得出各种糖的相对甜度。常见的糖及其衍生物的相对甜度见表5-2。

表5-2 常见的糖及其衍生物的相对甜度

名称	相对甜度	名称	相对甜度
蔗糖	100	山梨糖	50
果糖	100~150	转化糖	130
葡萄糖	70	木糖醇	100
半乳糖	60	果葡糖浆（转化率16%）	80
麦芽糖	50	果葡糖浆（转化率42%）	100
乳糖	40	淀粉糖浆（葡萄糖值42%）	50
麦芽糖醇	90	淀粉糖浆（葡萄糖值70%）	80

分子结构决定了糖类物质是否具有甜味以及甜味的强弱。糖的甜度还与糖的存在状态及温度等因素有一定关系。

（4）黏度

葡萄糖和果糖的黏度低于蔗糖。糖浆的黏度特征对食品加工具有现实的生产意义。糖浆可提高食品黏稠度和口感，作为填充剂和增稠剂广泛用于各种饮料、冷食中。

（5）渗透压

糖浆在较高浓度时能够产生较高的渗透压，食品加工中常利用此性质来降低食品的水分活度，抑制微生物的生长繁殖，从而提高食品的贮藏性并改善风味。

（6）结晶性质

不同种类的糖结晶性不同。葡萄糖易结晶,晶体细小;转化糖、果糖较难结晶。在糖果制造加工时,要注意应用糖结晶性质上的差别。如果使用的糖易结晶、碎裂,就得不到坚韧、透明的产品。

（7）保湿性和吸湿性

吸湿性是指糖在空气湿度较大的情况下吸收水分的性质。保湿性是指糖在较低空气湿度时保持水分的性质。糖的这种性质对于保持食品的柔软性和贮存、加工都有重要意义。

凡是能溶于水的糖都具有吸湿性:果糖、转化糖吸湿性最强,葡萄糖次之。各种食品对糖的吸湿性和保湿性的要求是不同的,如软质糖果需要保持一定的水分,避免在干燥天气干缩,应选用转化糖和果葡糖浆为宜;面包、糕点类食品也需要保持松软,应用转化糖和果葡糖浆为宜。

葡萄糖氢化后生成山梨糖醇,具有良好的保湿性,常作为保湿剂广泛应用于食品行业。

（8）抗氧化性

单糖具有抗氧化性,是单糖大大减少氧气在溶液中的溶解度的缘故。糖液可以延缓糕饼中油脂的氧化酸败,也可用于果蔬的抗氧化。它可隔绝水果与大气中氧的氧接触,使氧化作用大为降低,同时还可防止水果挥发性脂类的损失。若在糖液中加入少许抗坏血酸和柠檬酸,则可以增强其抗氧化效果。

2. 单糖的化学性质

单糖的结构是含羟基的醛或酮,因此具有羟基、醛基和酮基的一些性质,如具有醇羟基的成酯、成醚、成缩醛、还原、加成等反应。菲林试剂（硫酸铜溶液和酒石酸钾钠碱溶液等量混合）或托伦试剂（硝酸银的氨水溶液）能被醛糖、酮糖（α-羟基酮）还原,分别生成氧化亚铜砖红色沉淀和银镜。能够还原菲林试剂或托伦试剂的糖叫作还原性糖。单糖都是还原性糖。另外,单糖还具有一些特殊反应,其中与食品有关而且比较重要的有以下几种。

（1）美拉德反应

美拉德反应又称羰氨反应,是指羰基与氨基经缩合、聚合反应生成类黑色素的反应。美拉德反应的产物是棕色缩合物,所以该反应又称"褐变反应"。这种褐变现象不是由氧气和酶引起的,为非氧化褐变或非酶褐变。

几乎所有的食品均含有羰基和氨基,因此都可能发生羰氨反应,故在食品加工中由羰氨反应引起食品颜色加深的现象比较普遍。焙烤面包产生的金黄色、烤肉产生的棕红色、熏干产生的棕褐色、酿造食品中如啤酒的黄褐色、酱油和陈醋的褐黑色等均与其有关。

美拉德反应的机制十分复杂,不仅与参与的糖类等羰基化合物及氨基酸等氨基化合物的种类有关,同时还受到温度、氧气、水分、pH 及金属离子等环境因素的影响。

（2）焦糖化反应

糖类尤其是单糖在没有氨基化合物存在的情况下,加热到熔点以上的高温(一般是140~170℃)时,糖会脱水发生褐变,这种反应称为焦糖化反应。糖在强热的情况下生成两类物质:一类是糖的脱水产物,即焦糖或酱色;另一类是裂解产物,即一些挥发性的醛、酮类物质,它们进一步缩合、聚合最终形成深色物质。

各种单糖因熔点不同,其反应速度也各不一样。果糖引起焦糖化反应最快。与美拉德反应相似,对于某些食品如焙烤、油炸食品,适当的焦糖化作用可使产品得到悦人的色泽与风味。作为食品色素的焦糖色,就是利用此反应得来的。

（3）单糖的氧化反应

单糖分子中含有醛基和酮基,因此具有还原性。单糖与部分低聚糖是还原糖。某些弱氧化剂(如铜的氧化物的碱性溶液)与单糖作用时,单糖的羰基被氧化,而氧化铜被还原成氧化亚铜。测定的氧化亚铜的生成量即可测知溶液中糖的含量。实验室常用的菲林试剂即为氧化铜的碱性溶液。

除了羰基之外,单糖分子中的羟基也可被氧化。因氧化条件不同,单糖可被氧化成不同的产物。

①醛糖。醛糖可以三种不同的方式进行氧化而产生相应的酸。反应条件及相应产物为:

在弱氧化剂(如溴水)作用下形成相应的糖酸。

在较强的氧化剂(如硝酸)作用下,除了醛基被氧化以外,伯醇基也被氧化成羧基,生成葡萄糖二酸。

葡萄糖在氧化酶的作用下,可以保持醛基不被氧化,仅仅是第六个碳原子上的伯醇基被氧化成羧基而形成葡萄糖醛酸。葡萄糖醛酸具有很重要的生理意义:它可以和人体中的某些有毒物质结合成苷类,而随尿排出体外,从而起到解毒的作用。人体内的过多的激素和芳香物质也能与葡萄糖醛酸生成苷类从体内排出。

②酮糖。酮糖对溴的氧化作用无影响。在强氧化剂作用下,酮糖将羰基处断裂,可形成两个低分子酸。

（4）单糖的还原反应

与醛酮相似,单糖分子中的醛基和酮基也能被还原剂还原成醇,如葡糖糖可被还原为山梨糖醇;果糖可被还原为山梨糖醇和甘露糖醇的混合物;木糖可被还原为木糖醇。

（5）单糖与碱的作用

单糖在碱性溶液中不稳定,易发生异构化和分解反应。

①异构化作用。单糖在弱碱或稀强碱作用下,可引起单糖分子重排。例如 D-葡糖糖在稀碱作用下,可通过烯醇式中间体的转化得到 D-葡糖糖、D-甘露糖、D-果糖三种差向异构体的平衡混合物。

②分解反应。单糖在浓碱溶液中很不稳定,能发生裂解,产生较小分子的糖、酸、醇和

醛等化合物。除了分解外,随碱浓度的增加或加热时间的延长,糖还会发生分子内氧化与重排作用生成羧酸,此酸称为糖精酸类化合物。糖精酸有多种异构体,因碱浓度不同而不同。

(6)单糖与酸的作用

在室温下,稀酸对糖的稳定性无影响。但在较高温度下,单糖可发生复合反应生成低聚糖。糖的脱水反应与 pH 有关,同时有色物质的生成量随反应时间和浓度的增加而增加。

第三节　低聚糖

低聚糖,也称寡糖,是由 2~10 个单糖分子以糖苷键结合而构成的糖,可溶于水,普遍存在于自然界。低聚糖属小分子化合物,能结晶,可溶于水,有甜味,都有旋光性。与稀酸共煮,低聚糖可水解成各种单糖。

按低聚糖按水解后生成的单糖分子数目,可分为二糖、三糖、四糖……十糖;按组成低聚糖的单糖分子是否相同,分为均低聚糖和杂低聚糖。

一、双糖

双糖在自然界中含量很丰富。在自然界中,仅有三种双糖(蔗糖、乳糖和麦芽糖)以游离状态存在,其他多以结合状态存在(如纤维二糖)。

1. 麦芽糖

麦芽糖大量存在于发酵的谷粒,特别是麦芽中。它主要是作为淀粉和其他葡聚糖的酶促降解产物(α-麦芽糖)存在,在自然界中似乎并不存在天然的麦芽糖。它最初是用发芽的大麦芽作用于淀粉而得,故取名麦芽糖。麦芽糖由两分子 α-D-葡萄糖通过 α-1,4-糖苷键结合而成。结构如下所示:

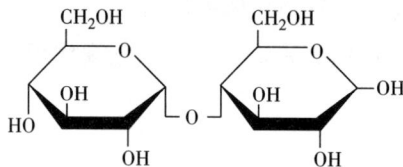

麦芽糖(α-1,4-糖苷键)

麦芽糖有一个醛基是自由的,所以它是还原糖,能还原菲林试剂。麦芽糖在水溶液中有变旋现象,在水溶液中形成 α、β 和开链的混合物。

纯麦芽糖为白色透明晶体,其溶解度比蔗糖小。麦芽糖甜度仅次于蔗糖,为蔗糖的1/3,具有味爽,口感柔和,易消化的特点。在酸或麦芽糖酶的作用下,一分子麦芽糖能被水解为 2 分子的葡萄糖。麦芽糖易被酵母发酵。在焙烤食品中用作膨松剂,防止烘烤食品干瘪,以及用作冷冻食品的填充剂和稳定剂。

2. 蔗糖

蔗糖由一分子 α-D-葡萄糖和一分子 β-D-果糖以 α,β-1,2-糖苷键连接形成。结构如下所示：

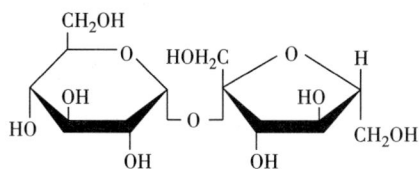

蔗糖(α,β-1,2-糖苷键)

蔗糖俗称食糖,是食品工业中最重要的含能量甜味剂,日常食用的糖主要是蔗糖。蔗糖是一种典型的非还原性二糖。蔗糖为白色晶体,很甜,易结晶,易溶于水,但较难溶于乙醇。若加热到160℃,蔗糖便成为玻璃样的晶体;加热至200℃时蔗糖成为棕褐色的焦糖。焦糖是一种无定形多孔性的固体物,有苦味,食品工业中用作酱油、饮料、糖果和面包等的着色剂。

3. 乳糖

乳糖为1分子 β-D-半乳糖以 β-1,4-糖苷键与 α(或 β)-D-葡萄糖连接形成。其结构如下：

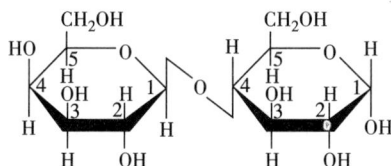

β-D-半乳糖基　　α-D-葡萄糖基

乳糖是哺乳动物乳汁中的主要糖。乳糖为白色结晶,在水中溶解度较小,其相对甜度仅为蔗糖的40%。乳糖是还原糖,具有还原性,其水溶液有变旋现象。酵母不能发酵乳糖。但乳酸菌作用于乳酸能产生乳酸发酵,把乳糖转换成乳酸。

乳糖能被酸或酶水解,产生1分子D-半乳糖和1分子D-葡萄糖。D-葡萄糖与D-半乳糖可被小肠吸收。某些成人缺乏乳糖酶,不能利用乳糖,食用乳糖后会在小肠积累,产生渗透作用,使体液外流,引起恶心、腹痛、腹泻,称乳糖不耐症。乳糖的存在可以促进肠道中双歧杆菌的生长。乳糖有助于机体中钙的吸收和代谢。

二、功能性低聚糖

功能性低聚糖是指对人、动物、植物具有特殊生理作用的低聚糖。目前,已知的功能性低聚糖有1000多种。

1. 低聚果糖

低聚果糖又称寡果糖,是指在蔗糖分子的果糖残基上通过 β-1,2-糖苷键连接1~3个果糖基而成的蔗果三糖、蔗果四糖及蔗果五糖组成的混合物。

低聚果糖是一种天然活性物质,甜度为蔗糖的 0.3~0.6 倍,既保持了蔗糖的纯正甜味性质,又比蔗糖甜味清爽,属于人体难消化的低热值甜味剂,不会导致肥胖,间接也有减肥作用。低聚果糖可促进肠胃功能,是具有调节肠道菌群、增殖双歧杆菌、促进钙的吸收、调节血脂、免疫调节、抗龋齿等保健功能的新型甜味剂。低聚果糖在乳制品、乳酸菌饮料、固体饮料、糖果、饼干、面包、果冻、冷饮等多种食品中应用。

2. 低聚木糖

低聚木糖是由 2~7 个木糖以 β-1,4-糖苷键连接而成的低聚糖。低聚木糖特点是稳定性好,具有耐酸(应用于碳酸饮料及发酵食品)、耐热及不分解性,有显著的双歧杆菌增殖作用,可促进机体对钙的吸收,抗龋齿,在体内的代谢不依赖胰岛素。

3. 麦芽低聚糖

麦芽低聚糖是一种混合糖,主要由麦芽糖、麦芽三糖至麦芽八糖组成,不含糊精,是由特异的麦芽低聚糖酶作用于淀粉而得的一种新型营养甜味剂。麦芽低聚糖具有抑制人体肠道有害菌生长繁殖作用,并且有特殊的生理功能,是一种功能性食品的基料。

4. 棉籽糖

自然界中广泛存在的三糖只有棉籽糖,广泛分布于高等植物界,主要存在于棉籽、甜菜、大豆及桉树的干性分泌物(甘露蜜)中。棉籽糖是功能性低聚糖大豆低聚糖的重要组成部分。在植物界中,分布最广泛的低聚糖除蔗糖外,就属棉籽糖。它完全水解产生葡萄糖、果糖和半乳糖各一分子。在蔗糖酶作用下分解成果糖和蜜二糖;在 α-半乳糖苷酶作用下分解成半乳糖和蔗糖。

棉籽糖的吸湿性在所有糖中是最低的,甜度为蔗糖的 20%~40%。棉籽糖属非还原性糖,发生美拉德反应的程度很低。

棉籽糖是优良的双歧杆菌增殖因子,对人体具有整肠作用及提高机体免疫力等多种生理功能。由于人体不具备分解棉籽糖的酶,因此棉籽糖很难被人体消化吸收,提供的能量很低,且具有一定的甜度,可作为功能性食品添加剂在食品中应用。

三、低聚糖的性质

1. 物理性质

低聚糖的物理性质与单糖的物理性质相似,也具有旋光度、甜度、黏度、渗透压、结晶性、吸湿性、保湿性和抗氧化性等。

几种常见的低聚糖的旋光度、相对甜度参见表 5-1、表 5-2。

蔗糖的黏度高于单糖。蔗糖极易结晶,且晶体很大。双糖的渗透压是单糖的一半。在吸湿性方面,单糖的吸湿性最大,麦芽糖次之,蔗糖吸湿性最小。硬质糖果要求吸湿性低,要避免遇潮湿天气因吸收水分而溶化,故宜选用蔗糖为原料。

2.化学性质

（1）褐变反应

低聚糖发生褐变的程度比单糖小。

（2）还原反应

有些低聚糖在催化剂作用下可还原为糖醇。

（3）水解反应

低聚糖在酸或水解酶的作用下水解成单糖。例如，一分子蔗糖在盐酸的作用下水解，生成1分子葡萄糖和1分子果糖的混合物。此蔗糖水解产物被称为转化糖。蜂蜜的主要成分就是转化糖。

（4）发酵性

酵母菌能使葡萄糖、果糖、麦芽糖、蔗糖和甘露糖等发酵生成酒精，同时产生CO_2，这是酿酒工业及制作疏松面包的基础。各种糖的发酵速度不一样，大多数酵母发酵糖的速度顺序为葡萄糖>果糖>蔗糖>麦芽糖。大多数低聚糖却不能被酵母菌和乳酸菌等直接发酵，而必须要在水解产生单糖后才能被发酵。由于蔗糖具有发酵性，故在某些食品生产中，可用其他甜味剂代替，以避免微生物生长繁殖而引起食品变质或汤汁浑浊等现象。

第四节 多糖

多糖也称多聚糖，是由多个单糖分子脱水缩合而形成的，广泛存在于动物、植物以及微生物中。自然界中的糖类主要以多糖形式存在。自然界中最丰富的均一性多糖是淀粉、糖原和纤维素，它们都是由葡萄糖组成。

一、淀粉类多糖

1.淀粉

淀粉是植物中最重要的贮存多糖，广泛地存在于许多植物的种子、块茎和根中，是植物营养物质的一种贮存形式，也是植物性食物中重要的营养成分。淀粉在种子、块茎和块根等器官中含量特别丰富，如大米中含70%~80%，小麦中含60%~65%，马铃薯中约含20%。

（1）分类

天然淀粉一般含有两种组分：直链淀粉和支链淀粉。玉米淀粉和马铃薯淀粉分别含27%和20%的直链淀粉，其余为支链淀粉。有些淀粉（如糯米）全部为支链淀粉，而有的豆类淀粉则全是直链淀粉。

（2）淀粉的结构

①直链淀粉。直链淀粉是许多D-葡萄糖残基以α-1,4-糖苷键依次相连而成的葡萄糖多聚物。直链淀粉相对分子质量从几万到十几万，相当于300~400个葡萄糖分子缩合而成。在分子内氢键的作用下，直链淀粉分子链卷曲盘旋成长而紧密的螺旋管形，呈左手

螺旋,每个螺圈约含 6 个 D-葡萄糖单位。直链淀粉的分子结构如图 5-2 所示。

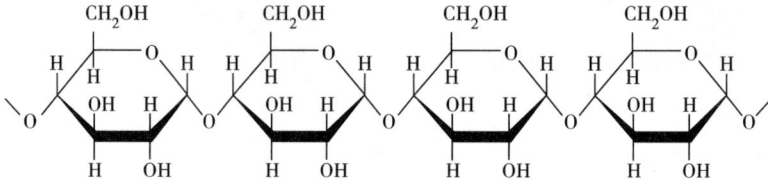

图 5-2　直链淀粉的分子结构

②支链淀粉。支链淀粉与直链淀粉相比,具有高度分支,且所含葡萄糖单位要多得多,支链淀粉相对分子质量在 20 万以上,含有 1300 个葡萄糖或更多。它的主链同样是由 D-葡萄糖以 α-1,4-糖苷键相连,此外每隔 20~25 个葡萄糖单位,还有一个以 α-1,6-糖苷键相连的支链。支链淀粉的结构如图 5-3 所示。

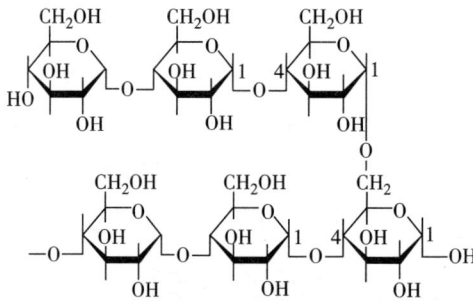

图 5-3　支链淀粉分子的部分结构

（3）淀粉的性质

淀粉是无味、无臭的白色无定形粉末,没有还原性,相对密度 1.499~1.513。淀粉有吸湿性。

①淀粉的溶解性。直链淀粉不溶于冷水,而能溶于热水,在热水中形成热溶胶。遇冷后形成硬而黏性不强的凝胶,不再复溶。如将纯直链淀粉加热至 140~150℃ 可得到的胶体,可制成坚韧的膜用于包装糖果、药用胶囊,入口即溶。

纯的支链淀粉不溶于冷水,又称不溶性淀粉,但它可以分散于凉水中形成胶体。它在热水中继续加热可形成黏性很大的凝胶,而且这种凝胶在冷却后也非常稳定。糯米粉加热后经加工形成黏性很大的糕团,就是支链淀粉的这种性质所致。

②淀粉的水解。淀粉很容易发生水解。水解产物常是糊精、麦芽糖、葡萄糖的混合物,称为淀粉糖浆。淀粉糖浆是具有甜味的黏稠浆体,在面点制作中经常使用,烹调中也可用于上糖色和熏制品的制作。另外,淀粉在干热情况下会部分分解而产生糊精,糊精比淀粉容易消化,所以烤馒头片比馒头容易消化。

③淀粉与碘的显色反应。淀粉中加入碘溶液后,碘立即进入直链淀粉的螺旋圈分子内,形成淀粉—碘的复合物,显示出蓝紫色。如果淀粉浓度高,则呈现近黑色。一般来说,

在直链淀粉中加入碘—碘化钾溶液后,立即呈现深蓝色,支链淀粉则呈现紫色或紫红色。

淀粉的水解进程也可用碘液与其作用的颜色变化来判断。根据糊精聚合度的不同,与碘液反应呈现的颜色也不同。当糊精中的葡萄糖残基多于 60 个时,糊精呈蓝色,称为淀粉蓝糊精;聚合度在 20 左右时,呈紫红色或橙红色;当聚合度低于 6 时,不能形成复合物,所以也不呈色。

④淀粉的糊化。淀粉在水中加热到一定温度时,形成有黏性的糊状体,此现象称为淀粉的糊化,发生糊化时所需的温度称为糊化温度。糊化作用的本质是淀粉颗粒中有序态(晶态)和无序态(非晶态)的淀粉分子之间的氢键断裂,分散在水中形成亲水性胶体溶液。糊化后的淀粉更可口,更容易被淀粉酶所水解,有利于人体的消化吸收。

⑤淀粉的老化。糊化后的淀粉在室温或低于室温下放置后,会变得不透明,甚至凝结而沉淀,这种现象称为淀粉的老化,行业上叫"返生"。老化作用的实质是:糊化后的淀粉分子在温度逐渐降低时,又自动地由无序态排列成有序态,相邻分子间的氢键又逐步恢复,失去与水的结合,从而形成致密且高度晶化的淀粉分子束。

老化过程可看作是糊化的逆过程,但老化不可能使淀粉彻底复原到生淀粉的结构状态,老化淀粉比生淀粉的晶化程度低。老化淀粉黏度降低,使食品的口感由松软变为发硬。老化淀粉酶的水解作用受到阻碍,从而影响了它的消化率,所以要尽量避免淀粉老化现象发生。

影响淀粉老化的因素很多,如淀粉的种类、组成、含水量、温度等。

不同种类的淀粉,老化的难易程度不同。一般玉米、小麦中的淀粉较马铃薯、甘薯中的淀粉容易老化,而糯米中的淀粉不易老化,不同淀粉老化从易到难的顺序为:玉米≥小麦≥甘薯≥土豆≥木薯≥黏玉米

一般直链淀粉比支链淀粉易于老化。淀粉中直链淀粉含量越高越易出现老化。反之,含支链淀粉多的淀粉不易老化。

食品中的含水量在 30%~60% 的淀粉易老化。含水量低于 10% 或含有大量水分时,淀粉都不易老化。方便面和方便米的制作就是将糊化了的米或面急速脱水,这样既可以在较长时间内保存,又不易发生老化,食用时只需加热水进行复原,便可得到美味可口的良好食品。

在高温下淀粉发生糊化,不会发生老化。随着温度的降低,老化速度变快,淀粉老化最适宜的温度为 2~4℃,高于 60℃ 或低于 -20℃,都不易发生老化现象。

在一般的食品加工和烹调中,不希望淀粉老化,但对粉丝、粉皮等的加工,却需要利用淀粉的老化,因而就要选用含直链淀粉多的淀粉作为原料。

2. 糖原

糖原是动物体内贮存的多糖,在肝脏和肌肉中含量较高,称为动物淀粉。糖原的结构与支链淀粉相似,但分支与分支间距较短而且分支数目多。

糖原可溶于冷水,遇碘呈红色、棕色或紫色。肝脏中的糖原可分解进入血液,供机体各部分物质和能量所需。肌肉中的糖原是肌肉收缩所需能量的来源。

二、非淀粉类多糖

1.纤维素与半纤维素

（1）纤维素

纤维素由许多 D-葡萄糖分子以 $\beta-1,4$-糖苷键相连而成直链多糖。纤维素的相对分子质量在 5 万~40 万，每分子含 300~2500 个葡萄糖残基。

完整的细胞壁是以纤维素为主，并粘连有半纤维素、果胶和木质素。约 40 条纤维素链相互间以氢键相连成纤维细丝，无数纤维细丝构成细胞壁完整的纤维骨架。

纯净的纤维素是无色、无臭、无味的物质，不溶于水，无还原性。纤维素比淀粉难水解，一般需要在浓酸中或用稀酸在加压下进行。人和动物体内没有纤维素酶，不能分解纤维素。降解纤维素的纤维素酶主要存在于微生物中，一些反刍动物可以利用其消化道内的微生物消化纤维素，产生的葡萄糖供自身和微生物共同利用。食物中的纤维素能促使肠蠕动，具有通便作用，含有纤维素的食物对于健康是必需和有益的。

（2）改性纤维素

天然纤维素经过适当的处理，改变其原有性质以适应特殊需要，称为改性纤维素。在食品工业中，经常使用的是羧甲基纤维素。

羧甲基纤维素是由纤维素与氢氧化钠—氯乙酸作用，形成的含有羧基的纤维醚，简写成 CMC。羧甲基纤维素是白色或微黄色絮状纤维粉末或白色粉末，无臭，无味，无毒；易溶于冷水或热水中，形成具有一定黏度的透明溶液。羧甲基纤维素不溶于乙醇、乙醚、异丙醇、丙酮等有机溶剂，有吸湿性，对光热稳定，黏度随温度升高而降低。在 pH=2~10 时，溶液稳定；在 pH<2 时，溶液有固体析出；在 pH>10 时，溶液黏度降低。

羧甲基纤维素的钠盐在食品工业中可做增稠剂使用。

（3）半纤维素

半纤维素是大量存在于植物的木质化部分，在细胞壁中与微纤维非共价结合成为细胞壁的另一类基质多糖总称。属于这类多糖的有木聚糖（包括阿拉伯木聚糖和 4-氧甲基葡萄糖醛酸木聚糖）、葡甘露聚糖、半乳葡甘露聚糖、木葡聚糖和愈创葡聚糖（即 $\beta-1,3$-葡聚糖）等。半纤维素是膳食纤维的重要来源。

2.果胶物质

果胶物质存在于陆生植物的细胞间隙或中胶层中，通常与纤维素结合在一起，是植物细胞壁的成分之一。果胶物质是果胶及其伴随物（阿拉伯聚糖、半乳聚糖、淀粉和蛋白质等）的混合物。果胶的组成与性质不同的来源之间有很大差别。

（1）结构

果胶分子的主链是 150~500 个 α-D-吡喃半乳糖醛酸通过 $\alpha-1,4$-糖苷键连接而成的，通常以部分羧基甲酯化存在，即果胶。

（2）分类

植物体内的果胶物质一般有 3 种,即原果胶、果胶、果胶酸。原果胶、果胶、果胶酸是以酯化度来区分的。酯化度指 D-半乳糖醛酸残基的酯化数占 D-半乳糖醛酸残基总数的百分数。甲酯化程度:原果胶＞果胶＞果胶酸。

①原果胶。原果胶是高度甲酯化的果胶物质,只存在于植物细胞壁中,不溶于水。在未成熟的果实和蔬菜中,它可使果实、蔬菜保持较硬的质地。

②果胶。果胶是部分甲酯化的果胶物质,存在于植物汁液中。

③果胶酸。果胶酸不含甲酯基,即羟基游离的果胶物质,遇钙生成不溶性沉淀。在未成熟的果实细胞内含有大量的原果胶。随着果实成熟度的增加,原果胶水解成果胶,果蔬组织就变软而有弹性。当果实过熟时,果胶发生去酯化作用生成果胶酸。

（3）果胶的性质

果胶的黏度与链长成正比,果胶酸不具有黏性。果胶与果胶酸在水中的溶解度随链长增加而降低。

果胶在酸、碱条件下发生水解,生成去甲酯及糖苷键裂解的产物。原果胶在果胶酶和果胶甲酯酶作用下,生成果胶酸。

在脱水剂（蔗糖、甘油、乙醇）含量 60%～65%,pH 为 2～3.5,果胶含量 0.3%～0.7%的条件下,果胶可以形成凝胶。凝胶强度与其相对分子质量成正比。凝胶强度与酯化程度成正比。

（4）果胶在食品中的应用

果胶的主要用途是作为果酱与果冻的胶凝剂。果胶的类型很多,不同酯化度的果胶能满足不同的要求。慢凝果胶用于制造凝胶软糖。果胶的另一用途是在生产酸乳时作水果基质。果胶还可作为增稠剂和稳定剂。果胶还能应用于蛋黄酱、番茄酱、浑浊型果汁、饮料以及冰淇淋等,一般添加量小于 1%;但是凝胶软糖除外,它的添加量为 2%～5%。

【实验实训】

实验实训四　糖的还原性实验

一、实验目的

1.学习鉴定糖类及区分醛糖和其他糖的方法

2.了解鉴定还原糖的方法及其原理

二、实验原理

具有游离半缩醛羟基的糖在水浴加热的条件下,可以和斐林(或班氏)试剂反应产生砖红色沉淀。反应条件因分子结构不同而不同,故常用斐林试剂对还原糖进行鉴定。

三、原料及器材

试管、试管架、水浴锅、胶头滴管、天平。

四、试剂

1.1%葡萄糖溶液

2.1%蔗糖溶液

3.1%淀粉溶液

4.1%果糖溶液

5.斐林试剂

A 液:取 34.5 g $CuSO_4 \cdot 5H_2O$ 溶解于 200 mL 水中,加入 0.5 mL 浓硫酸酸化,加水定容至 500 mL;B 液:取 137 g 酒石酸钾钠和 125 g NaOH 溶解于 400 mL 水中,加水定容至 500 mL。使用时取等体积两溶液混合均匀。

五、实验步骤

取 4 支试管并各加入斐林试剂 2 mL,分别向 4 支试管中滴加 1%葡萄糖溶液、1%蔗糖溶液、1%淀粉溶液、1%果糖溶液 3 滴,充分混匀,沸水浴中保持 3 min,冷却,观察沉淀及颜色变化。

实验实训五　淀粉的提取和性质实验

一、实验目的

1.掌握淀粉呈色反应的原理和方法

2.了解淀粉的性质及淀粉水解过程

二、实验原理

本实验以马铃薯为原料,利用淀粉不溶于水或难溶于水的性质,采用过滤和沉降等方法提取淀粉。

淀粉主要由直链淀粉和支链淀粉组成。直链淀粉遇碘呈蓝色,支链淀粉遇碘呈紫红色,糊精遇碘呈蓝紫、紫、橙等颜色。淀粉遇碘的呈色反应,是由于淀粉与碘作用形成复合物。该复合物不稳定,在加热,或乙醇、氢氧化钠等试剂的作用下易分解,使颜色褪去。

在酸的催化作用下加热淀粉,可逐步水解淀粉形成低聚糖,继续水解最终得到葡萄糖。淀粉完全水解后的产物出现单糖的还原性,失去与碘的呈色能力,可与班氏试剂反应生成

红色或黄色的 Cu_2O。

三、原料及器材

马铃薯、植物样品粉碎机、纱布、抽滤装置、布氏漏斗、水浴锅、表面皿、白瓷板、滴管、量筒、烧杯、试管。

四、试剂

1. 乙醇

2. 0.1%淀粉溶液

3. 稀碘液

配置 2%碘化钾溶液,加入少量碘,使溶液呈淡棕黄色即可。

4. 10%氢氧化钠溶液

5. 20%硫酸溶液

6. 10%碳酸钠溶液

7. 班氏试剂

称取 85 g 柠檬酸钠($Na_3C_6H_3O_7 \cdot 11H_2O$)及 50 g 无水碳酸钠,溶解于 400 mL 水中,另外称取 8.5 g 硫酸铜,溶解于 50 mL 热水中。将冷却后的硫酸铜溶液缓缓倒入柠檬酸钠—碳酸钠溶液中,混合均匀。

五、实验步骤

1. 淀粉的提取

马铃薯去皮切块,称取 100 g 置于植物样品粉碎机中,加适量水粉碎,滤除粗颗粒,滤液静置 10 min,沉淀物即为马铃薯淀粉。弃去上清液,用水反复洗涤淀粉至洗涤液清澈为止。抽滤去除多余水分,滤饼放于表面皿上,在空气中干燥即得淀粉。

2. 淀粉与碘的反应

在白瓷板上加入少量自制淀粉,滴加 1 滴稀碘液,观察淀粉颜色变化。

取 0.1%淀粉溶液 6 mL 加入到试管中,滴加 2 滴稀碘液,混合均匀,观察颜色变化。另取两支试管,将以上管内液体均分为 3 等份,并编号。试管 1 在酒精灯上加热,观察颜色变化,自然冷却后,再观察颜色变化;试管 2 加入几滴乙醇,观察颜色变化;试管 3 加入几滴 10%NaOH 溶液,观察颜色变化。

3. 淀粉的水解

取两个 100 mL 烧杯,烧杯 1 中加入 50 mL 1%淀粉溶液和 1 mL 20%硫酸,烧杯 2 中加入 50 mL 1%淀粉溶液和 1 mL 蒸馏水,加热煮沸,每隔 3 min 分别取两个烧杯中的反应液 2 滴做碘试验,观察颜色变化。待烧杯 1 中反应液不再与碘起呈色反应后,取 1 mL 烧杯 1 中反应液至一干净试管内,加入 10%碳酸钠溶液中和反应液,再加入 2 mL 班氏试剂,于酒精灯上加热,观察并记录反应现象。

【思考与练习】

一、选择题

1. 下列糖类无还原性的是( )。

A. 麦芽糖　　　　B. 蔗糖　　　　　　C. 果糖　　　　D. 木糖

2. 下图的结构式代表哪种糖( )?

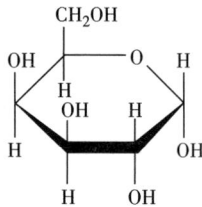

A. α-D-葡萄糖　　　　　　　B. β-D-葡萄糖

C. α-D-半乳糖　　　　　　　D. β-D-半乳糖

3. 有关糖原结构叙述正确的是( )。

A. 有 α-1,4 糖苷键　　　　　　B. 有 α-1,6 糖苷键

C. 糖原由 α-D-葡萄糖组成　　　D. 糖原是没有分支的分子

A. 1,2,3　　　B. 1,3　　　　　C. 2,4　　　　D. 4　　　　E. 1,2,3,4

4. ( )是动物体内贮藏的多糖。

A. 单糖　　　　B. 糖原　　　　　C. 还原糖　　　　D. 淀粉

5. 哺乳动物乳汁中主要的糖类是( )。

A. 麦芽糖　　　　B. 蔗糖　　　　　C. 乳糖　　　　D. 果糖

6. 淀粉与碘发生非常敏感的颜色反应,直链淀粉呈( ),支链淀粉呈蓝紫色。

A. 粉蓝色　　　　B. 浅蓝色　　　　C. 深蓝色　　　　D. 蓝色

二、填空题

1. 纤维素是由_____组成,它们之间通过_____糖苷键相连。

2. 常用定量测定还原糖的试剂为_____试剂和_____试剂。

3. 人血液中含量最丰富的糖是_____;肝脏中含量最丰富的糖是_____;肌肉中含量最丰富的糖是_____。

4. 乳糖是由一分子_____和一分子_____组成,它们之间通过_____糖苷键相连。

5. 糖苷是指糖的_____和醇、酚等化合物失水而形成的缩醛(或缩酮)等形式的化合物。

6. 判断一个糖的 D-型和 L-型是以_____碳原子上羟基的位置作依据。

三、判断题（在题后括号内打√或×）

1. D-葡萄糖的对映体为 L-葡萄糖,后者存在于自然界。( )

2. 醛式葡萄糖变成环状后无还原性。( )

3. 各种糖的溶解度随温度升高而增大。( )

4. 糖原、淀粉和纤维素分子中都有一个还原端,所以它们都有还原性。( )

5. 天然淀粉粒完全不溶于水。( )

6. 未成熟的果实含有大量的果胶酸。( )

四、简答题

1. 简述单糖的化学性质。

2. 什么是美拉德反应?

3. 什么是焦糖化反应? 在食品中有哪些应用?

4. 简述乳糖的结构与作用。

5. 淀粉在水解过程中是如何变化的?

6. 什么叫淀粉的老化? 影响淀粉老化的因素有哪些?

7. 人体是否可利用纤维素? 为什么?

第六章　维生素

学习目标

　　1. 了解维生素的概念、命名、分类及其特点。掌握维生素的性质与功能。

　　2. 了解人体为什么不能缺乏或过量摄取维生素,了解维生素与人体哪些生理代谢有关,掌握食品加工与贮藏对维生素的影响。

　　3. 能够判断某些食品所含有的维生素种类,能够根据一些症状判断是由哪类维生素缺乏或过量引起。

第一节　概述

一、维生素的概念

　　维生素又名维他命,是维持人体生命活动必需的一类有机物质,也是保持人体健康的重要活性物质。维生素包括许多种不同种类的化合物,它们之所以被归为维生素,是根据它们的生物功能。维生素是食物的构成成分,它们都是天然有机化合物,是动物体维持生命和健康不可缺少的要素。

二、维生素的特点

　　虽然各种维生素的化学结构以及性质不同,但它们却有着以下共同点:

　　①维生素或其前体都存在于天然食物中。

　　②维生素不提供热能,一般也不是机体的组成成分。

　　③参与机体代谢的调节。

　　④对于大多数的维生素,机体不能合成或合成量不足,不能满足机体的需要,必须经常通过食物中获得。

　　⑤人体对维生素的需要量很少,日需要量常以毫克或微克计算,但一旦缺乏就会引发相应的维生素缺乏症,对人体健康造成损害。

　　维生素是人体代谢中必不可少的有机化合物,人体犹如一座极为复杂的化工厂,不断地进行着各种生化反应。其反应与酶的催化作用有密切关系,酶要产生活性,必须有辅酶参加。已知许多维生素是酶的辅酶或者是辅酶的组成分子。因此,维生素是维持和调节机体正常代谢的重要物质。

三、维生素的命名与分类

维生素的命名一般有三种方式。一是按发现的先后顺序命名,如维生素 A、维生素 B$_1$、维生素 B$_2$、维生素 C、维生素 D、维生素 E 等。但不是按确切的发现顺序排列,比如 B 族维生素后来被证明是多种维生素混合存在,所以在字母下方注 1、2、3 等加以区别。二是按其特有的生理功能或治疗作用命名,如抗干眼病维生素、抗癞皮病维生素、抗坏血酸等。三是按其化学结构命名,如视黄醇、硫胺素、核黄素等。

由于维生素的化学结构与生理功能各异,因而无法按结构或功能分类。现在采用的方法是根据溶解性能分为脂溶性维生素和水溶性维生素。脂溶性维生素包括维生素 A、维生素 D、维生素 E、维生素 K;水溶性维生素有 B 族维生素,包括维生素 B$_1$、维生素 B$_2$、泛酸、烟酸、维生素 B$_6$、生物素、叶酸、维生素 B$_{12}$ 和维生素 C 等。

第二节　脂溶性维生素

脂溶性维生素包括维生素 A、维生素 D、维生素 E 和维生素 K,它们都含有环结构和长的脂肪族烃链。尽管这四种维生素每一种都至少有一个极性基团,但都高度疏水。某些脂溶性维生素是辅酶的前体,而且不用进行化学修饰就可被生物体利用。这类维生素能被动物贮存。

一、维生素 A

维生素 A 指所有具有视黄醇生物活性的物质,即动物性食物中的视黄醇(维生素 A$_1$)、脱氢视黄醇(维生素 A$_2$,生物活性为维生素 A$_1$ 的 40%)、视黄醛、视黄酸等。维生素 A 的结构如图 6-1 所示。

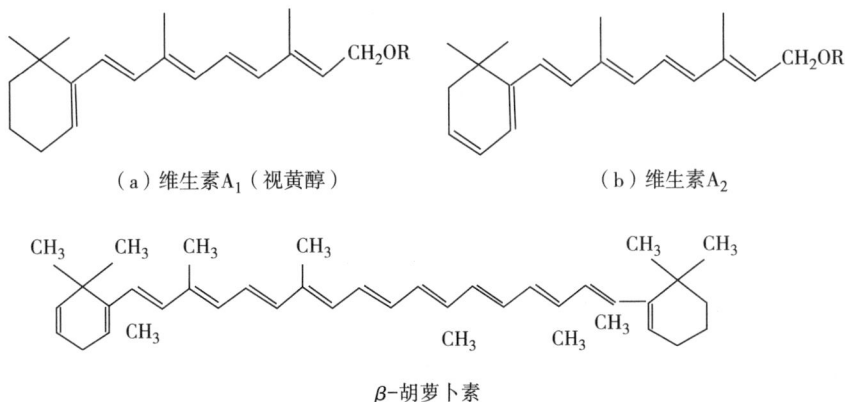

图 6-1　维生素 A 及 β-胡萝卜素的结构式

维生素 A 为淡黄片状结晶,不溶于水,易溶于油脂,溶点为 62~64℃。维生素 A 易受紫外线与氧所破坏而失效。维生素 A 热稳定,碱性条件也稳定,但酸不稳定。天然维生素 A 较合成维生素 A 稳定。

维生素 A 在缺乏氧气的条件下对热相当稳定。在有氧时,维生素 A 可因其分子结构的高不饱和性而被空气或氧化剂氧化。光照也能加速维生素 A 的氧化分解。在贮藏和加工过程中,维生素 A 可能会有一些损失。但一般来说,果、蔬、肉、乳等食品中的维生素 A 对热烫、消毒、碱和冷冻等处理是比较稳定的。

维生素 A 具有维持正常视觉的功能,长期缺乏能导致夜盲症。维生素 A 与上皮组织的正常形成也有关,缺乏时会引起眼干燥症、腺体分泌减少、皮肤干燥、角化及增生。维生素 A 还可促进蛋白质生物合成及骨细胞分化(视黄酸)。视黄酸可维持动物正常生长和健康,但对生殖及视觉功能无作用。

维生素 A 存在于动物体中,以鱼类最丰富,其次是蛋黄、牛奶、奶油等。植物中不存在维生素 A,但有多种胡萝卜素,其中以 β-胡萝卜素最为重要。它在小肠黏膜处由 β-胡萝卜素加氧酶的作用,加氧断裂,生成 2 分子视黄醇。

二、维生素 D

维生素 D 有几种天然存在形式。它们是所有具有胆钙化醇生物活性的类固醇的统称,主要包括维生素 D_2(麦角钙化醇)和维生素 D_3(胆钙化醇)。二者结构十分相似,维生素 D_2 比维生素 D_3 在侧链上多一个双键和甲基。维生素 D 存在维生素 D 原(或称前体),可由光转化成维生素 D。植物中的麦角固醇和人体皮下存在的 7 - 脱氢胆固醇在日光或紫外线照射后可分别转变成维生素 D_2 和维生素 D_3。其结构如图 6-2 所示。

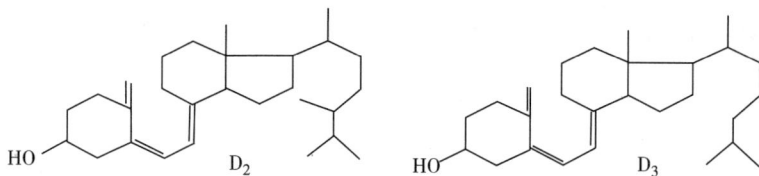

图 6-2   维生素 D_2 和维生素 D_3 的结构式

维生素 D_2 和维生素 D_3 皆为白色结晶,能溶于脂肪和脂肪溶剂中。维生素 D 很稳定,一般在加工中不会导致维生素 D 的损失。但氧、光、酸、油脂氧化可导致维生素 D 的破坏。

维生素 D 与甲状旁腺素共同作用,维持血钙水平。维生素 D 还促使骨与软骨及牙齿的矿物化,并不断更新以维持其正常生长。儿童缺乏维生素 D 可引起佝偻病,成人则患骨质软化病。增加富含维生素 D 的食物的摄入和多晒太阳是防止维生素 D 缺乏的一项有效措施。

维生素 D 通常在食品中与维生素 A 共存。天然食物中维生素 D 含量均较低,含脂肪高的海鱼、动物肝、蛋黄、奶油相对较多,瘦肉、奶含量较少。故许多国家在鲜奶和婴儿配方食品中强化维生素 D,在防治佝偻病上有重要意义。

三、维生素 E

维生素 E 又称生育酚,是 6-羟基苯并二氢吡喃的衍生物。自然界共有 8 种生育酚,即 α、β、γ、δ-生育酚,α、β、γ、δ-三烯生育酚,其差别仅在于甲基的数目和位置不同。其中以 α-生育酚的生物活性最大,一般所说的维生素 E 即 α-生育酚。结构如图 6-3 所示。

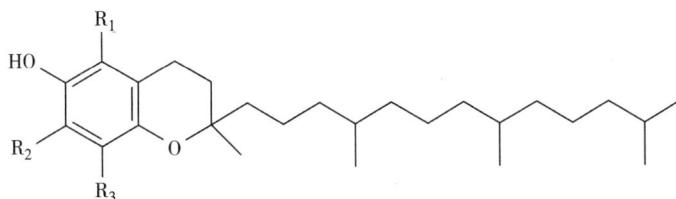

图 6-3 维生素 E 的结构通式

维生素 E 为浅黄色黏稠油状液体,无臭、无味,不溶于水,易溶于乙醇、乙醚等有机溶剂和油脂中;维生素 E 在无氧条件下对热稳定,但对氧十分敏感,易自身氧化,能避免脂质过氧化物的产生,因而能保护生物膜的结构和功能;维生素 E 对酸稳定,对碱不稳定,遇光色渐变深,受紫外线光照射后即失效。金属离子如 Cu^{2+}、Fe^{2+} 可促使其氧化。

维生素 E 是体内最重要的抗氧化剂,能避免脂质过氧化物的产生,保护生物膜的结构与功能。动物缺乏维生素 E 时,可导致其生殖器官发育受损甚至不育,但人类尚未发现因维生素 E 缺乏所致的不育症。维生素 E 可促进血红素代谢。新生儿缺乏维生素 E 时可引起贫血,这可能与血红蛋白合成减少及红细胞寿命缩短有关。维生素 E 一般不易缺乏,某些脂肪吸收障碍等疾病可引起缺乏,表现为红细胞数量减少,寿命缩短,体外实验可见红细胞脆性增加等贫血症,偶可引起神经障碍。

维生素 E 广泛存在于动植物食品中,尤其是各种植物油的非皂化部分,如小麦胚油、棉籽油、花生油、玉米油、大豆油等。谷类、坚果类、绿叶菜、肉奶蛋中均含一定量。

四、维生素 K

天然存在的维生素 K 只有维生素 K_1 和维生素 K_2 两种,其余均为人工合成,共有 70 多种,常见的维生素 K_1、维生素 K_2 和维生素 K_3 的化学结构式如图 6-4 所示。

维生素 K 是黄色黏稠油状物,溶于油,对热、空气和水分都很稳定。但维生素 K 易被光和碱所破坏。一般在食品加工中维生素 K 损失很小。

维生素 K 可促进肝脏合成凝血酶原,维持体内凝血因子的正常水平,促进血液的凝固。维生素 K 是在肝内合成凝血蛋白必不可少的物质。维生素 K 可以增强肠道的蠕动和分泌功能,增强体内甲状腺内分泌活性。缺乏维生素 K 会延迟血液凝固,引起新生儿出血病。

维生素 K 在自然界分布十分广泛,主要来源绿色蔬菜和动物肝脏。维生素 K 含量最

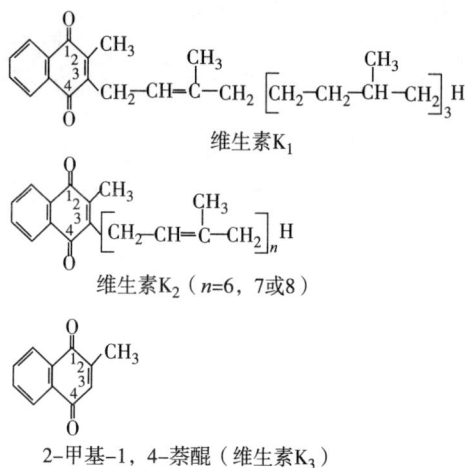

图6-4　维生素 K 的结构式

丰富的是菠菜和白菜、猪肝。除此以外,许多细菌,包括某些正常肠道菌,能合成维生素 K。所以,一般情况下人体不会缺乏维生素 K。但长期服用抗生素或磺胺药,使肠道菌生长受到抑制或脂肪吸收受阻,或食物中缺乏绿色蔬菜,会引起维生素 K 的缺乏症。

第三节　水溶性维生素

一、维生素 B_1

维生素 B_1 又称抗脚气病维生素、抗神经炎维生素,因分子中含有硫和氨基,故又称硫胺素。维生素 B_1 由吡啶环、噻唑环以亚甲基($-CH_2$)连接起来。结构如图6-5所示。

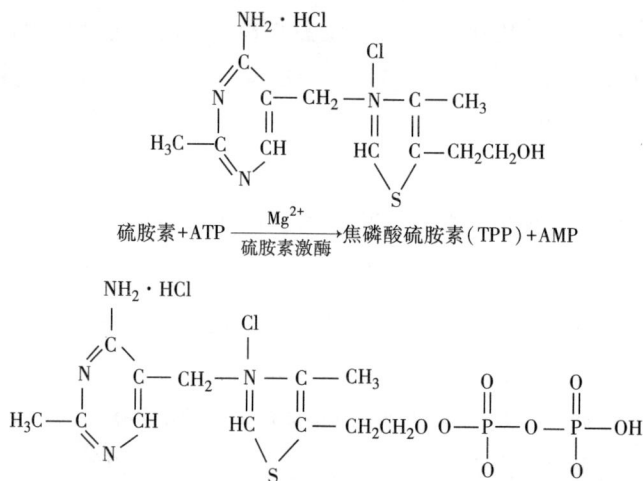

$$硫胺素+ATP \xrightarrow[硫胺素激酶]{Mg^{2+}} 焦磷酸硫胺素(TPP)+AMP$$

图6-5　硫胺素及焦磷酸硫胺素(TPP)

人工合成的维生素 B_1 为白色晶状粉末或晶体,易潮解、微臭、味苦。硫胺素是 B 族维生素中最不稳定的。其稳定性取决于温度、pH、离子强度、缓冲体系等。

硫胺素在体内参与糖类的中间代谢,主要以焦磷酸硫胺素的形式参与 α - 酮酸的脱羧。若机体硫胺素不足,则影响糖代谢,从而影响整个机体代谢过程,尤其影响神经组织。当缺乏维生素 B_1 时,伴有丙酮酸及乳酸等在神经组织中堆积,进而造成神经炎,使人健忘、不安、易怒,逐渐丧失知觉,发生脚气病等。维生素 B_1 可提高胆碱酯酶活性,该酶可使乙酰胆碱水解。乙酰胆碱是一种重要的神经递质,具有影响神经传导的作用。缺乏维生素 B_1 时,神经传导受限制,可造成胃肠蠕动缓慢、消化不良、食欲不振等病症。

植物和某些低等动物能合成硫胺素。哺乳动物消化道中的细菌也能合成一些硫胺素,合成量与食物的摄取等许多因素有关。在大多数情况下,哺乳动物几乎完全依靠食物中的硫胺素。硫胺素能迅速被小肠吸收,在体内被磷酸化而转变成活性的辅酶,即焦磷酸硫胺素。

谷类、豆类、酵母、干果、动物的内脏、瘦肉及蛋类等均含较多的维生素 B_1。

二、维生素 B_2

维生素 B_2 又称核黄素,是具有一个核糖醇侧链的异咯嗪的衍生物。核黄素是黄素蛋白(FP)的辅基,有黄素单核苷酸(FMN)和黄素腺嘌呤二核苷酸(FAD)两种形式。结构如图 6-6 所示。

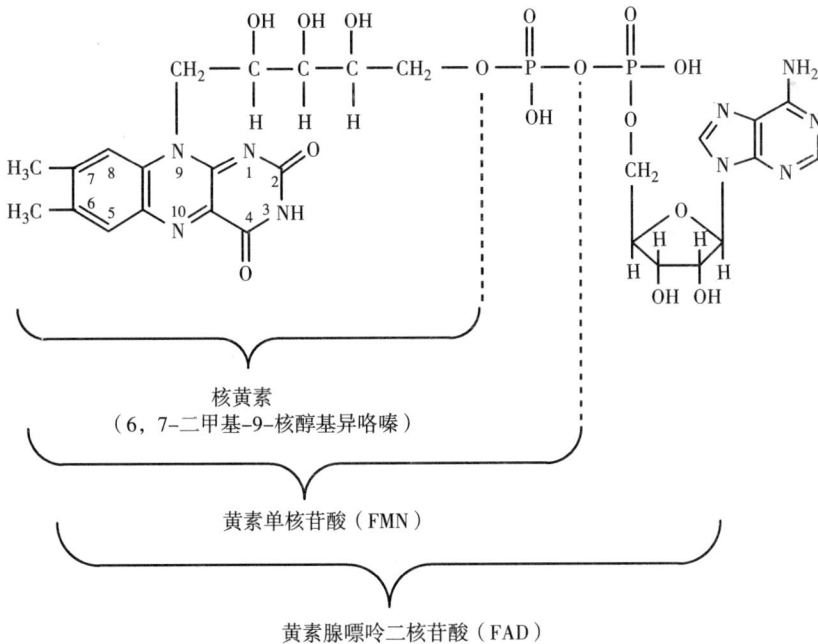

图 6-6　维生素 B_2 及其辅酶的结构式

核黄素是橙黄色晶体,280℃即熔化并分解。在平常的温度下,它是热稳定的,而且不受空气中氧的影响。它微溶于水,溶液呈现出强的黄绿色荧光。它不溶于有机溶剂,在强酸溶液中是稳定的,在碱性条件下或者暴露于可见光或紫外线中时是不稳定的。

在自然界中,维生素 B_2 通过磷酸化形成黄素单核苷酸(FMN)和黄素腺嘌呤二核苷酸(FAD)。二者具有辅酶的功能,重要功能为电子传递,在细胞代谢呼吸链反应中起控制作用,直接参与氧化还原反应。维生素 B_2 缺乏主要表现在眼、口腔、皮肤的炎症反应,严重缺乏时可造成缺铁性贫血。维生素 B_2 缺乏还影响生长发育,妊娠期缺乏维生素 B_2 可致胎儿骨骼畸形。

维生素 B_2 在动植物生物中分布极广,动物性食品比植物性食品含量高,尤以动物内脏最为丰富,其次是乳类、禽蛋。植物性食品中豆类和绿叶菜含量较高。

三、维生素 B_6

维生素 B_6 是吡啶的衍生物,包括吡哆醛、吡哆醇和吡哆胺三种化合物,体内活性形式为磷酸吡哆醛和磷酸吡哆胺,其结构见图 6-7。

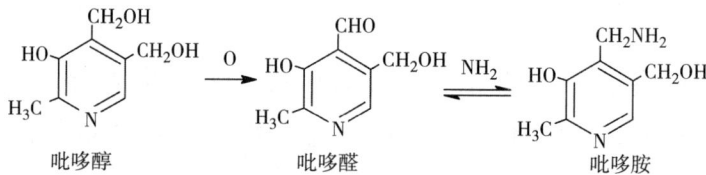

图 6-7　维生素 B_6 的结构式

维生素 B_6 为白色结晶,易溶于水及乙醇,微溶于脂肪溶剂,耐热,遇碱则分解。其中吡哆醇最稳定,通常用来强化食品。

维生素 B_6 是机体中很多重要酶系统的辅酶,参与氨基酸的脱羧基作用,也参与某些氨基酸(色氨酸、含硫氨基酸)的合成,故维生素 B_6 也被称氨基酸代谢维生素。维生素 B_6 在把食物中的蛋白质转化为人体蛋白质的过程中起重要作用。维生素 B_6 广泛存在于食物中,并且人体肠道细菌能合成一部分供人体需要,故人体一般不会缺乏。维生素 B_6 缺乏易引发失眠、步行困难、皮肤炎症等。

维生素 B_6 广泛分布在许多食品中,例如乳、肉、肝、蔬菜、全谷粒和鸡蛋黄中,所以不太会发生缺乏症,对它的需要还随蛋白质的消耗而增加。动物体内的维生素 B_6 以吡哆醛和吡哆胺的形式存在,谷物主要为吡哆醇。

四、维生素 B_{12}

维生素 B_{12} 又称钴胺素,是唯一含金属的维生素。维生素 B_{12} 生物体内存在有多种形式,如氰钴胺素、羟钴胺素、甲钴胺素和 5-脱氧腺苷钴胺素(即辅酶维生素 B_{12})等,它们均具有维生素 B_{12} 的活性。钴胺素的结构中有两个特性成分:一个是在核苷酸样的结构中,另一个为中间的环状结构,为类似卟啉的"卟啉"环状系统(图 6-8)。

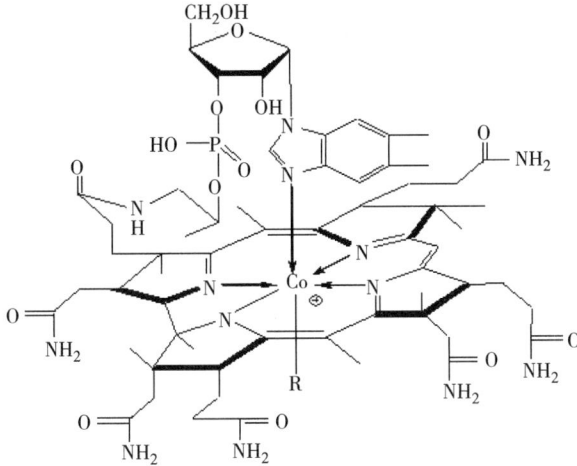

图 6-8 维生素 B_{12} 的结构式

R=CN:氰钴胺素,R=OH:羟钴胺素,R=H_2O:水化钴胺素,

R=NO_2:亚硝基钴胺素,R=CH_3:甲基钴胺素,R=5'-脱氧腺苷

维生素 B_{12} 为粉色针状结晶,相当稳定,无臭、无味。其水溶液在室温且不暴露在可见光或紫外光下是稳定的。溶液最适 pH 范围是 4~6,在此范围内,即使高压加热,也仅有少量损失。在碱性溶液中蒸煮,能定量地破坏维生素 B_{12}。而在其他操作中,维生素 B_{12} 几乎都不会遭到破坏。

氰钴胺素是一些辅酶的组成成分,参与体内一碳单位的代谢。它可影响核酸和蛋白质的合成,从而促进红细胞的发育和成熟,促进儿童发育,促进上皮组织细胞的新生。但维生素 B_{12} 的吸收需要胃黏膜合成的一种叫作内因子的维生素 B_{12} 结合性糖蛋白的帮助。缺乏这种内因子则引起恶性贫血,此时需注射维生素 B_{12},口服则无效。

维生素 B_{12} 的膳食来源主要是动物性食品,而植物中几乎不存在,所以只有"素食者"才会发生维生素 B_{12} 的缺乏症。一般瘦肉、肝、肾、鱼、贝壳和牛乳中含量较丰富。

五、烟酸

烟酸又称维生素 PP、尼克酸、抗癞皮病因子、维生素 B_3。其氨基化合物为烟酰胺或尼克酰胺。烟酸在体内主要以烟酰胺形式存在,是烟酰胺的前体。其结构式如图 6-9 所示。

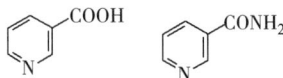

图 6-9 烟酸(左)及烟酰胺(右)结构式

烟酸为白色或淡黄色晶体或结晶体粉末,无臭或有微臭,味微酸,熔点为 236~237℃。烟酸溶于水和酒精,烟酰胺比烟酸更易溶解,且能溶于醚中。烟酸是最稳定的维生素之一。

它耐热,即使在高压下 120℃ 加热 20 min 也几乎不被破坏。烟酸对光、氧、酸、碱也很稳定,一般加工烹调损失极小。

已知的烟酰胺核苷酸类辅酶有两种:一个是烟酰胺腺嘌呤二核苷酸,简称 NAD$^+$,又称为辅酶Ⅰ;另一个是烟酰胺腺嘌呤二核苷酸磷酸,简称 NADP$^+$,又称为辅酶Ⅱ。它们是组织中重要的递氢体,在糖酵解、脂肪合成和呼吸作用中起着重要的作用。

烟酸缺乏症即癞皮病,典型的症状是皮肤炎(Dermatitis)、腹泻(Diarrhoea)和痴呆(Dementia),即所谓的"三 D"症状。

烟酸及其衍生物存在于动植物性食物中,动物性食物中以烟酰胺为主,烟酸则主要存在于植物性食物中。肝、肾、畜肉、鱼及花生中含量最丰富,奶蛋中含量虽不高,但色氨酸在体内可转化为烟酸(平均 60 mg 色氨酸可转化为 1 mg 烟酸)。稗谷类中烟酸含量也很丰富。玉米中烟酸含量较大米高,但主要为结合型,不能被吸收利用,可加入 0.6% 的小苏打将结合型转变为游离型,或将大豆(富含游离态烟酸)添加于以玉米为主的膳食中,可防止癞皮病的发生。

六、叶酸

叶酸因富存于绿叶中而得名。其分子由蝶呤、对氨基苯甲酸和谷氨酸组成。天然存在的蝶酰谷氨酸有 2~7 个谷氨酸残基。其基本结构见图 6-10。

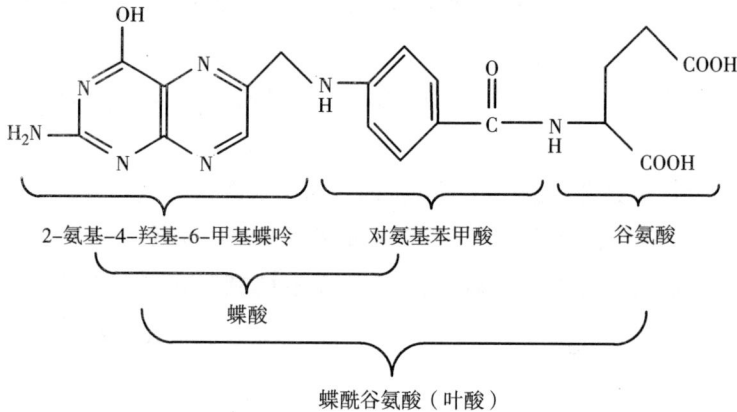

图 6-10　叶酸的结构式

叶酸是橙黄色的结晶状粉末,无味无臭,不溶于醇和乙醚及其他有机溶剂,但稍溶于热水。叶酸在无氧条件下对碱稳定,有氧时碱水解形成对氨基苯甲酰谷氨酸和蝶呤-6-羧酸,有氧时酸水解产生 6-甲基蝶呤。叶酸溶液在日光下也可被分解,终产物为对氨基苯甲酰谷氨酸和蝶呤。

叶酸在体内活性形式为四氢叶酸(FH$_4$)。FH$_4$ 是一碳单位转移酶的辅酶,参与一碳单位的转移。FH$_4$ 在合成体内核蛋白质中起到重要作用,对正常红细胞的形成有促进作用,具有造血功能,缺乏导致巨幼红细胞贫血。

叶酸广泛存在于动植物性食物中,含量丰富的食物有肝、肾、蛋、绿叶菜和酵母,牛肉、菜花、土豆含量也很高,乳类含量较少。

七、泛酸

泛酸过去也被称为维生素 B_5 或遍多酸。泛酸的化学名为 α-羟-β-β 二甲基-γ-羟-丁酰-β-丙氨酸,其结构式如图 6-11 所示。

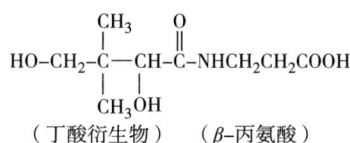

$$\text{HO-CH}_2\text{-}\underset{\underset{\text{CH}_3\text{OH}}{|}}{\overset{\overset{\text{CH}_3}{|}}{\text{C}}}\text{-CH-}\overset{\overset{\text{O}}{\|}}{\text{C}}\text{-NHCH}_2\text{CH}_2\text{COOH}$$

（丁酸衍生物）　　（β-丙氨酸）

图 6-11　泛酸的结构式

泛酸是辅酶 A 的主要组成成分,辅酶 A 的功能是在于合成胆固醇。缺乏泛酸容易引起胆固醇含量不足,因而引起肾上腺机能不足和损伤。泛酸对糖、脂类及蛋白质代谢都有密切关系。泛酸的存在对于人体利用维生素 B_1、维生素 B_2 都有协调作用。因人体肠道细菌能合成泛酸,所以尚未发现人的典型缺乏症。

泛酸含量丰富的来源是酵母、肝脏、肾、蛋黄、新鲜蔬菜、牛乳等。

八、生物素

生物素又称维生素 H,为含硫维生素。生物素是由噻吩环和尿素结合而成的一个双环化合物,侧链上有一分子异戊酸。其结构式如图 6-12 所示。

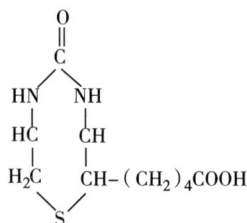

图 6-12　生物素的结构式

纯生物素对热、光、空气不敏感,在中性或 pH 5 以上的微酸性溶液中相当稳定,碱性溶液直到 pH 9 都还稳定。生物素在醋酸溶液中用高锰酸盐或过氧化氢氧化成砜,遇硝酸则破坏其生物活性,形成亚硝基脲衍生物,遇甲醛也能使其失活。

生物素是构成羧化酶(固定 CO_2)的辅酶。生物素能从小肠中很好地被吸收。所有的细胞都含有一些生物素,且在肝脏和肾脏中含量较多。

人体缺乏生物素时引起皮炎和毛发脱落。生鸡蛋清中有一种蛋白质,称为抗生物素蛋白,可以与生物素紧密结合,从而使生物素失去作用。

生物素广泛存在于动植物食品中,其中蔬菜、牛奶、水果中以游离态存在,内脏、种子和酵母中与蛋白质结合。生物素在脂肪酸合成中起着重要作用。人体生物素的供应只是部分依靠膳食,大部分是肠道细菌合成的。

九、维生素C

维生素C又称抗坏血酸,为酸性己糖衍生物。它具有四种异构体,D-抗坏血酸、D-异抗坏血酸、L-抗坏血酸、L-异抗坏血酸。L-抗坏血酸的生物活性最高。维生素C的C_2、C_3位上的羟基的H能以原子形式释放,成为脱氢抗坏血酸,还原型和氧化型都具有生物活性,其结构如图6-13所示。

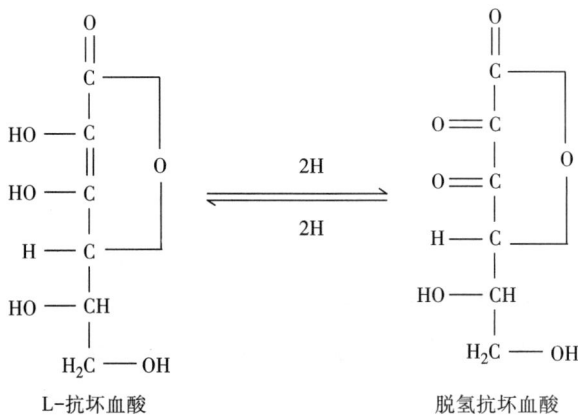

图6-13　维生素C的结构式

维生素C是所有的维生素中最不稳定的,它受温度、盐和糖的浓度、pH、氧、酶、金属催化剂、抗坏血酸的初始浓度及抗坏血酸与脱氢抗坏血酸的比例等因素的影响而发生降解。其破坏率随金属作用而增加,尤其是铜和铁的作用最大。另外,维生素C的破坏率还因酶的作用而增加,其中最重要的酶有抗坏血酸氧化酶、酚酶、细胞色素氧化酶和过氧化物酶。维生素C在酸性条件下比较稳定,在中性和碱性条件下,当有空气时可使抗坏血酸氧化,所以建议在生产果汁时应该使用脱气的水,可使维生素C损失减少。

维生素C的作用与其激活羟化酶,促进组织中胶原的形成密切相关。当维生素C不足时,将影响胶原的形成,造成创伤愈合延缓、微血管壁脆弱及不同程度的出血。

维生素C参与体内氧化还原反应,使二硫键(—S—S—)还原为疏基(—SH),与谷胱甘肽一起清除自由基,阻止脂类过氧化以及某些化学物质的危害作用。维生素C能促进胆固醇转化为胆汁酸,可使高胆固醇血症患者的胆固醇下降。此外,维生素C还可促进铁的吸收、提高机体的应激能力。

维生素C还具有解毒作用等,但摄入过多维生素C时(每人每天口服4~9 g)则会改变血液的酸度,造成尿酸沉积,引起关节剧痛,并可形成肾结石等疾病而损害肾脏,还可加重糖尿病等。

大多数动物能在体内合成维生素C。维生素C很容易从肠道中吸收。胃酸缺乏时,维生素 C 的吸收减少。在某些肠道感染时,它的吸收作用减少,维生素 C 在尿、汗和粪中被排出,粪中有少量丢失。维生素 C 在汗中的损失也很低,主要的损失途径是随尿排出。

维生素 C 的主要食物来源为新鲜蔬菜与水果,如韭菜、菠菜、柿子椒等深色蔬菜和花菜,柑橘、红果、柚子等水果含维生素 C 均较高。野生的苋菜、苜蓿、刺梨、沙棘、酸枣等含量尤其丰富。

第四节　维生素在食品加工和贮藏中的损失

一、维生素在加工过程中的损失

1. 维生素在热加工过程中的损失

热烫过程中,热、沥滤和氧化作用会引起维生素损失。

（1）水溶性维生素的损失

在水中热烫时,水溶性维生素的损失随接触时间的延长而增加。蒸汽热烫对水溶性维生素的损失率相对低于水热烫,微波热烫对维生素的保存率至少可以达到蒸汽热烫的维生素保存率。

（2）脂溶性维生素的损失

脂溶性维生素对热比较稳定,也不溶解在水中受损失,但容易被氧化分解,特别是在高温的条件以及与酸败的油脂接触时,其氧化的速度会明显加快。由于脂溶性维生素能溶于脂肪,所以在油炸食品时,有部分维生素会溶于油中而损失;而与脂肪一起烹制,则可大大提高脂溶性维生素的吸收利用率。

2. 维生素在脱水加工过程中的损失

食品在脱水加工时,维生素的损失量也较大,如牛奶在干燥过程中维生素的损失大约与灭菌处理的损失相当。蔬菜经热空气干燥,维生素 C 损失 10%～15%。在 B 族维生素中,维生素 B_1 对温度最为敏感。冷冻干燥可以很好地保存维生素。

3. 维生素在粮谷精加工过程中的损失

粮谷类通常要经去壳、研磨、磨粉等精加工工序。加工工序除去了大量胚芽和谷物表皮,胚芽和谷物表皮富含维生素,会造成维生素损失。谷粒中各种营养素的分布很不均衡,维生素、无机盐和含赖氨酸高的蛋白质集中在谷粒的周围部分和胚芽,而向胚乳内部则逐渐降低。如谷皮中维生素 B_1 的含量占全粒含量的 33%,维生素 B_2 占 42%,泛酸占 50%,维生素 B_6 占 73%,烟酸则达 86%。若加工精度提高,不但导致谷皮中 B 族维生素大量损失,还会导致糊粉层、胚乳外层及胚中维生素的大量损失。因此,从营养的角度讲,不宜常食用精米、精面。

4. 食品加工过程中化学因素对维生素损失的影响

（1）氯气、次氯酸离子、二氧化氯等具有强反应性,可使维生素发生亲核取代,双键加成和氧化反应。

（2）二氧化硫和亚硫酸盐有利于维生素 C 的保存，但会与维生素 B_1 和维生素 B_6 反应。亚硝酸盐可造成维生素 B_1 的破坏。

（3）一般而言，氧化性物质会加速维生素 C、胡萝卜素、叶酸等的氧化，而还原性物质会保护这些维生素。有机酸有利于提高维生素 C 和维生素 B_1 的保存率，碱性物质则会降低维生素 C、维生素 B_1、泛酸等的保存率。

二、维生素在贮藏过程中的损失

维生素在贮藏过程中的损失与贮存时间、温度、气体组成、机械损伤及种类、品种等因素有关。脂溶性维生素在贮存过程中损失并不明显，而水溶性维生素如维生素 C、维生素 B_1 是较易损失的，尤其是维生素 C。一般家庭贮存苹果仅 2~3 个月，维生素 C 的含量就可能减至原来的 1/3，绿色蔬菜维生素 C 损失则更大。若室温贮存，只要几天后维生素 C 几乎都损失。但 0℃贮存，就可以大大减少这种损失。

在贮藏过程中，维生素 A、维生素 B_1、维生素 B_6、维生素 D、维生素 E、生物素等易氧化分解。维生素 A、B 族维生素和维生素 C、维生素 K 等对光敏感而破坏。

植物在不同采收期维生素含量不同，采收和贮存后，内源性酶会分解维生素。收获的水果和蔬菜长时间存放会由于酶的分解作用，使维生素遭受严重的损失。

水分活度、包装材料及贮藏条件对维生素的保存率都有重要影响。在相当于单分子层水的 A_w 下维生素很稳定，而在多分子层水范围内，随 A_w 增高，维生素降解速度增大。

【思考与练习】

一、选择题

1. 维生素 B_1 在大米的碾磨中损失随着碾磨精度的增加而（　　）。

A. 增加　　　　　　　B. 减少　　　　　　　C. 不变　　　　　　　D. 不一定

2. FMN 名称是（　　）。

A. 烟酰胺腺嘌呤二核苷酸　　　　　　　B. 烟酰胺腺嘌呤二核苷酸磷酸

C. 黄素单核苷酸　　　　　　　　　　　D. 黄素腺嘌呤二核苷酸

3. $NADP^+$ 名称是（　　）。

A. 烟酰胺腺嘌呤二核苷酸　　　　　　　B. 烟酰胺腺嘌呤二核苷酸磷酸

C. 黄素单核苷酸　　　　　　　　　　　D. 黄素腺嘌呤二核苷酸

4. 下列属于脂溶性维生素是（　　）。

A. 维生素 A　　　B. 维生素 C　　　　C. 维生素 H　　　　D. 维生素 B

5. 与人体视力有关，缺乏容易得夜盲症的维生素是（　　）。

A. 维生素 A　　　B. 维生素 B_1　　　C. 维生素 D　　　　D. 维生素 K

6. 人体内唯一含金属元素的维生素是(　　　)。

A. 维生素 A　　　　　B. 维生素 B_{11}　　　　　C. 维生素 B_2　　　　D. 维生素 B_{12}

7. 坏血症是因为人体缺乏(　　　)引起的。

A. 维生素 A　　　　　B. 维生素 C　　　　　C. 维生素 D　　　　D. 维生素 K

8. β-胡萝卜素可转变为(　　　)。

A. 维生素 D_3　　　　B. 维生素 C　　　　　C. 维生素 A　　　　D. 维生素 B

9. 泛酸也称为(　　　)。

A. 维生素 B_1　　　　B. 维生素 B_3　　　　　C. 维生素 B_5　　　　D. 维生素 B_7

10. 常用作抗氧化剂的维生素是(　　　)。

A. 维生素 B_1　　　　B. 维生素 C　　　　　C. 维生素 E　　　　D. 维生素 K

二、填空题

1. 维生素根据其溶解性分为_____和_____两种。

2. 人体中维生素 D 原是_____,植物中维生素 D 原是_____。

3. 缺维生素 D 会导致_____等病营养缺乏症。

4. 脚气病患者,病因是缺乏_____,可多食用_____来预防。

5. 发生癞皮病与缺乏_____有关。

6. 核黄素为_____颜色结晶,在中性及_____性下加热较稳定,碱性下易_____。

三、问答题

1. 维生素有哪些共同特点?

2. 维生素 C 有哪些生理功能,在功能食品中有哪些应用?

3. 为什么在烹调工艺中,应尽量避免对含维生素的食品原料进行长期蒸煮和油炸?

4. 在食品贮藏过程中,维生素的损失与哪些因素有关?

5. 食品中维生素在食品加工中损失途径有哪些? 为尽量降低维生素的损失,粗加工时应注意什么?

第七章 核酸

学习目标

1. 掌握核酸的化学组成和基本构成单位。
2. 熟悉 DNA 双螺旋结构的要点。
3. 了解 RNA 的结构。
4. 掌握核酸的物理和化学性质。
5. 了解核酸的分离提纯方法。
6. 了解核酸在食品中的应用。

第一节 概述

生物体内最重要的生物大分子是核酸和蛋白质,核酸控制合成蛋白质,而蛋白质是生物体功能的体现者,是生命的物质基础。

一、核酸的分类

核酸分为脱氧核糖核酸(DNA)和核糖核酸(RNA),如图 7-1 所示。所有生物细胞都含有这两类核酸。RNA 分为三大类:核糖体 RNA,简写成 rRNA,占 RNA 总数的 80%以上,是核糖核酸的主要成分;转运 RNA,简写成 tRNA,占总 RNA 的 15%左右;信使 RNA,简写成 mRNA,占总数的 5%左右。

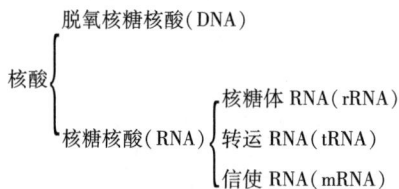

核酸 {
  脱氧核糖核酸(DNA)
  核糖核酸(RNA) {
    核糖体 RNA(rRNA)
    转运 RNA(tRNA)
    信使 RNA(mRNA)
  }
}

图 7-1 核酸的分类

二、核酸的分布

核酸是由核苷酸组成的大分子。RNA 主要分布在细胞质中,DNA 主要集中在细胞核内,其余分布在细胞核外的线粒体、叶绿体和质粒等中。

三、核酸的生物功能

1. DNA 是主要的遗传物质

DNA 携带遗传信息,决定细胞和个体的基因型。

2. RNA 参与蛋白质的生物合成

(1)核糖体 RNA

核糖体是蛋白质合成的场所。rRNA 具有核酶活性,能够催化蛋白质肽键的形成。

(2)转运 RNA

在蛋白质合成中,转运 RNA 携带活化的氨基酸到所需的位置并起解译作用。

(3)信使 RNA

信使 RNA 是一种能转录 DNA 分子上遗传信息的中间物质,其核苷酸序列决定着合成蛋白质的氨基酸序列。

3. RNA 功能的多样性

(1)具有催化功能

核酶是指有催化活性的 RNA。核酶的功能主要是参与 RNA 的加工和成熟,催化肽键的合成。

(2)参与对基因表达与细胞功能的调节

(3)遗传信息的加工与进化

第二节　核酸的组成

一、核酸的元素组成

在 DNA 和 RNA 分子中,主要元素有碳、氢、氧、氮、磷等,个别核酸分子中还含有微量的硫。磷在各种核酸中的含量比较接近和恒定,DNA 的平均含磷量为 9.9%,RNA 的平均含磷量为 9.4%。因此,只要测出生物样品中核酸的含磷量,就可以计算出该样品的核酸含量,这是定磷法的理论基础。

二、核酸的基本单位——核苷酸

核酸是一种多聚核苷酸,它的基本结构是核苷酸。采用不同的降解法,可以将核酸降解成核苷酸,核苷酸还可以进一步降解为核苷和磷酸。核苷再进一步分解生成含氮碱基和戊糖。碱基分两大类:嘌呤碱和嘧啶碱。所以,核酸由核苷酸组成,而核苷酸又由碱基、戊糖与磷酸组成(图 7-2)。

核酸中的戊糖有两类:D-核糖和 D-2-脱氧核糖,这是 DNA 和 RNA 在组成上的区别之一。

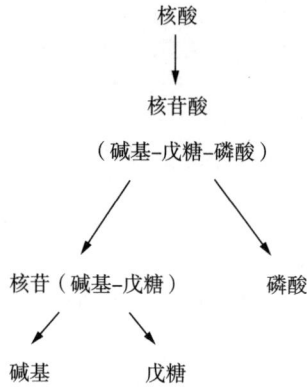

图 7-2 核苷酸的组成

RNA 中的碱基有 4 种:腺嘌呤(A)、鸟嘌呤(G)、胞嘧啶(C)和尿嘧啶(C);DNA 中的碱基主要也是 4 种,其中 3 种与 RNA 中的相同,只是胸腺嘧啶(T)代替了尿嘧啶(U)(表 7-1)。

表 7-1　两类核酸的基本化学组成

化学组成	DNA	RNA
嘌呤碱	腺嘌呤(A)	腺嘌呤(A)
	鸟嘌呤(G)	鸟嘌呤(G)
嘧啶碱	胞嘧啶(C)	胞嘧啶(C)
	胸腺嘧啶(T)	尿嘧啶(C)
戊糖	D-2-脱氧核糖	D-核糖
磷酸	磷酸	磷酸

三、戊糖

戊糖-D-核糖分为 D-2-脱氧糖和 D-2-脱氧核糖两类(图 7-3)。D-核糖的 C_2 所连的羟基脱去氧就是 D-2-脱氧核糖。戊糖 C_1 所连的羟基是与碱基形成糖苷键的基团,糖苷键的连接都是 β-构型。DNA 中含 D-2-脱氧核糖;RNA 中含 D-核糖。

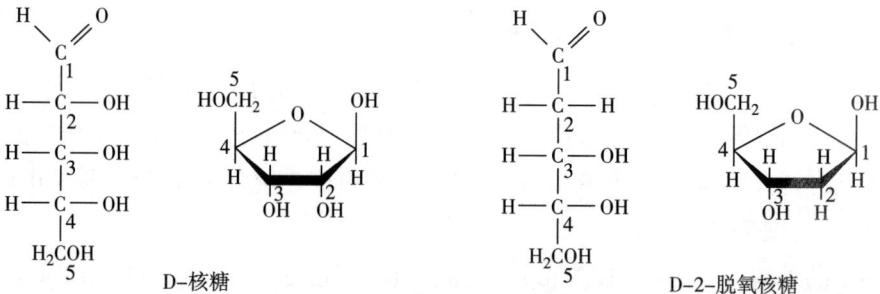

图 7-3　构成核苷酸的戊糖

四、碱基

1. 嘧啶碱基

嘧啶碱基是母体化合物嘧啶的衍生物。核酸中常见的嘧啶碱基有 3 类:胞嘧啶、尿嘧啶和胸腺嘧啶(图 7-4)。胞嘧啶为 DNA 和 RNA 所共有,尿嘧啶只存在于 RNA 中;胸腺嘧啶一般只存在于 DNA 中,在 tRNA 中也少量存在。

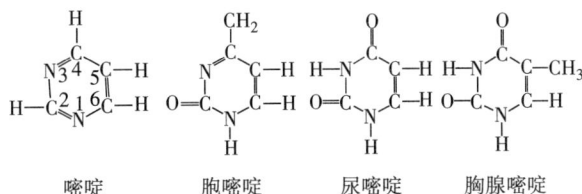

图 7-4 嘧啶和嘧啶碱基

2. 嘌呤碱基

核酸中常见的嘌呤碱基有两类:腺嘌呤和鸟嘌呤。嘌呤碱基是母体化合物嘌呤的衍生物(图 7-5)。

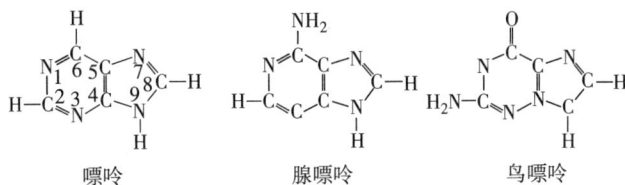

图 7-5 嘌呤和嘌呤碱基

3. 稀有碱基

除上述 5 种碱基外,核酸中还有一些含量甚少的碱基,称为稀有碱基。稀有碱基的种类极多,大多都是甲基化碱基。tRNA 中含有较多的稀有碱基,如 5-甲基胞嘧啶、5,6-二氢尿嘧啶、次黄嘌呤等。

五、核苷

核苷(又称核糖苷)由戊糖和碱基缩合而成,并以糖苷键相连接。糖环上的 C_1 与嘧啶碱的 N_1 或嘌呤碱的 N_9 相连接,所以糖和碱基之间的连接是 N-C 键,称为 N-糖苷键。

核苷中的 D-核糖和 D-2-脱氧核糖均为呋喃型环状结构。核酸分子中的糖苷键均为 β-糖苷键。核苷分为核糖核苷和脱氧核糖核苷(表 7-2)。

表 7-2 常见核苷的名称

碱基	核糖核苷	脱氧核糖核苷
腺嘌呤	腺嘌呤核糖核苷(腺苷、A)	腺嘌呤脱氧核糖核苷(脱氧腺苷、dA)

续表

碱基	核糖核苷	脱氧核糖核苷
鸟嘌呤	鸟嘌呤核糖核苷（鸟苷、G）	鸟嘌呤脱氧核糖核苷（脱氧鸟苷、dC）
胞嘧啶	胞嘧啶核糖核苷（胞苷、C）	胞嘧啶脱氧核糖核苷（脱氧胞苷、dC）
尿嘧啶	尿嘧啶核糖核苷（尿苷、U）	—
胸腺嘧啶	—	胸腺嘧啶脱氧核糖核苷（脱氧胸苷、dT）

部分核苷结构式如图 7-6 所示。

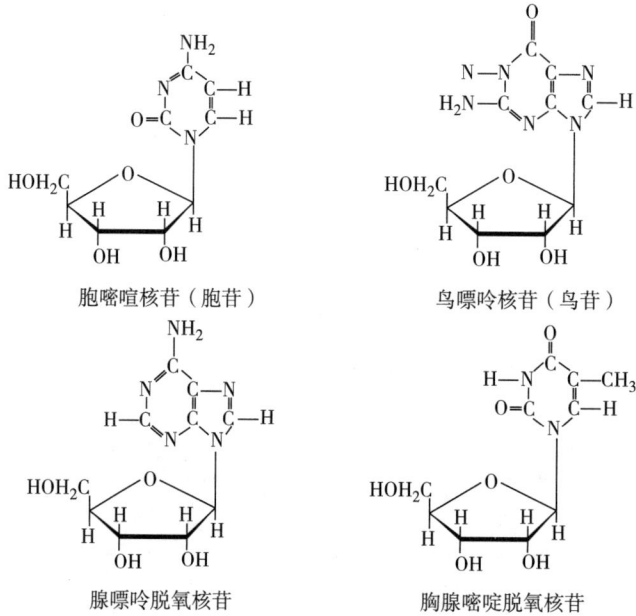

胞嘧喧核苷（胞苷）   鸟嘌呤核苷（鸟苷）

腺嘌呤脱氧核苷   胸腺嘧啶脱氧核苷

图 7-6　部分核苷酸的结构

六、核苷酸

1. 结构与分类

核苷中的戊糖羟基被磷酸酯化，就形成了核苷酸。核苷酸分为核糖核苷酸和脱氧核糖核苷酸两大类。图 7-7 为两种核苷酸的结构式。

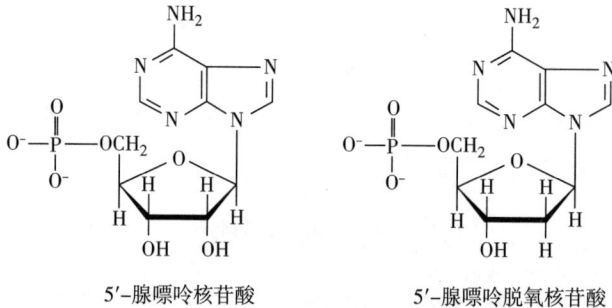

5′-腺嘌呤核苷酸   5′-腺嘌呤脱氧核苷酸

图 7-7　两种核苷酸的结构

生物体中存在的核苷酸大都是 5′-核苷酸。常见的核苷酸如表 7-3 所示。

表 7-3 常见核苷酸的名称

碱基	核糖核苷酸	脱氧核糖核苷酸
腺嘌呤	腺嘌呤核糖核苷酸 （腺苷酸、AMP）	腺嘌呤脱氧核糖核苷酸 （脱氧腺苷酸、dAMP）
鸟嘌呤	鸟嘌呤核糖核苷酸 （鸟苷酸、GMP）	鸟嘌呤脱氧核糖核苷酸 （脱氧鸟苷酸、dGMP）
胞嘧啶	胞嘧啶核糖核苷酸 （胞苷酸、CMP）	胞嘧啶脱氧核糖核苷酸 （脱氧胞苷酸、dCMP）
尿嘧啶	尿嘧啶核糖核苷酸 （尿苷酸、UMP）	—
胸腺嘧啶	—	胸腺嘧啶脱氧核糖核苷酸 （脱氧尿苷酸、dTMP）

2. 核苷酸的衍生物

在生物体内,核苷酸除组成核酸外,还有一些以游离形式存在于细胞内。有一些核苷酸的衍生物参与体内许多重要的代谢反应,具有重要的生理功能。

ATP 是体内最重要的高能化合物,分子中含有 3 个磷酸酯键,其中 α-磷酸酯键为低能磷酸酯键,而 β-磷酸酯键、γ-磷酸酯键都是高能磷酸酯键。每 1 mol 高能磷酸化合物水解时可释放出自由能大于 20.93 kJ。ATP 是人体内各种生命活动的主要的直接供能物质者。其结构式如图 7-8 所示。

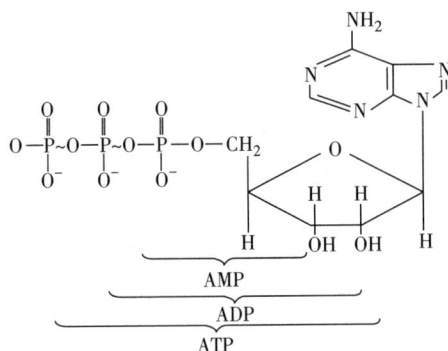

图 7-8 ATP 的结构

3. 功能

①核苷酸是核酸合成的直接原料。

②核苷三磷酸化合物在生物体内能量代谢中起重要作用:如 ATP 在所有生物系统化学能的贮藏和利用中起关键性作用,用于多种反应;UTP 用于多糖合成;GTP 用于蛋白质合成;CTP 用于脂类合成。

③参与辅酶的结构组成:如辅酶 Ⅰ、辅酶 Ⅱ、FAD 都含有腺苷酸。

④环化核苷酸在激素和信号转导方面具有重要作用:如 3′,5′-环状腺苷酸(cAMP)被称为激素的第二信使。

⑤参与代谢调控:如鸟苷四磷酸等可抑制核糖体 RNA 的合成。

第三节　核酸的结构

一、DNA 的结构

1. DNA 的一级结构

核酸是由核苷酸聚合而成的生物大分子。核酸中的核苷酸构成无分支结构的线性分子,最终形成核酸链。核酸链具有方向性,一个末端含有磷酸基,另一个末端含有羟基。DNA 的一级结构实质上是指多核苷酸链中脱氧核苷酸的组成和排列顺序,它是形成 DNA 二级结构和三级结构的基础。

脱氧核苷酸之间的连接是通过一个核苷酸的 $C_3′$-OH 与另一分子核苷酸的 5′-磷酸基形成的 3′,5′-磷酸二酯键。结构如图 7-9 所示。

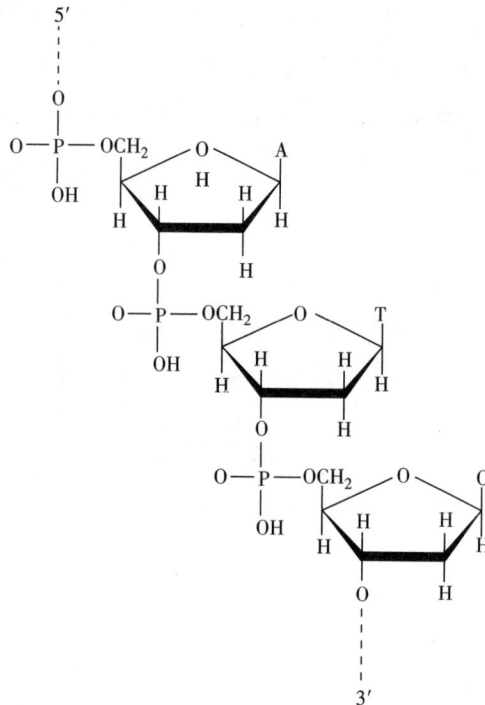

图 7-9　DNA 片段结构

2. DNA 的二级结构

DNA 的二级结构一般是指 DNA 分子的空间双螺旋结构。它是由美国物理学家 Watson 和英国生物学家 Crick 根据 DNA 纤维和 DNA 结晶的 X 线衍射图谱分析及 DNA 碱基组成的定量分析以及 DNA 中碱基的物化数据测定,于 1953 年提出的。DNA 双螺旋结构模型(见图 7-10)的建立,揭开了现代分子生物学的序幕。

（1）DNA 双螺旋结构的要点

①DNA 分子是由反向平行的脱氧核苷酸链组成的,以右手螺旋方式围绕同一中心轴平行旋转。一条链的方向为 $3'→5'$;另条链的方向为 $5'→3'$。

②嘌呤和嘧啶碱基位于双螺旋的内侧,磷酸和核糖在外侧,彼此之间通过磷酸二酯键相连接,形成 DNA 的分子骨架。

③碱基平面与纵轴垂直,糖环的平面则与纵轴平行,与碱基平面垂直。两条链偏向一侧,形成一条大沟和一条小沟。

④双螺旋的直径为 2 nm,两个相邻碱基对之间的距离为 0.34 nm,螺旋夹角为 36°。沿中心轴旋转一周有 10 个核苷酸。每一转的高度(即螺距)为 3.4 nm。

⑤碱基之间靠氢键连接,遵循 A＝T、G＝C 互补配对原则,碱基之间的氢键也是维持 DNA 双螺旋结构稳定的重要因素。

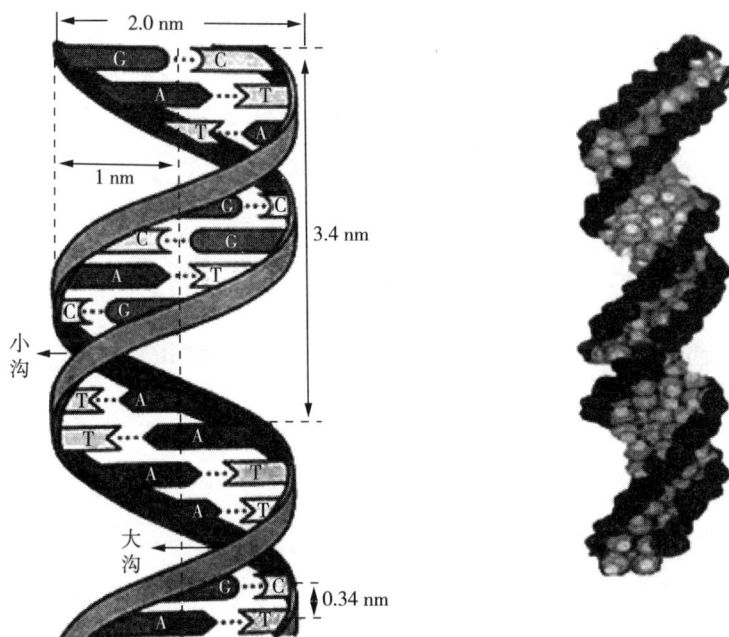

图 7-10　DNA 二级结构

（2）双螺旋结构的稳定因素

①碱基对间的氢键:在双螺旋区 G＝C、A＝T 配对。

②碱基堆积力:最主要的稳定因素。碱基有规律堆积,使碱基之间发生缔合,形成碱基堆积力,并形成疏水核心区。碱基堆积力是维持核酸(DNA)空间结构的主要作用力。

③离子键:由 DNA 双螺旋区外侧带负电的磷酸基团与环境中带正电荷的 Na^+、K^+、Mg^{2+} 等形成离子键,消除静电斥力,增强 DNA 分子的稳定性。

3. DNA 的三级结构

DNA 的三级结构是指 DNA 双螺旋分子进一步扭曲和折叠所形成的特定构象。生物体内有些 DNA 是以双链环状 DNA 形式存在的,在 DNA 双螺旋结构的基础上,共价闭合环状 DNA 可以进一步扭曲形成超螺旋形。超螺旋形是 DNA 三级结构的主要形式。根据螺旋的方向可分为正超螺旋和负超螺旋。正超螺旋使双螺旋结构更紧密,双螺旋圈数增加,而负超螺旋可以减少双螺旋的圈数。几乎所有天然 DNA 中都存在负超螺旋结构。

二、RNA 的结构

大多数天然 RNA 分子是一条单链,其许多区域自身发生回折,使可以配对的一些碱基相遇,而由 A 与 U,G 与 C 之间的氢键连接起来,构成如 DNA 那样的双螺旋;不能配对的碱基则形成环状突起。发夹结构是 RNA 中最普通的二级结构形式。二级结构进一步折叠形成三级结构,RNA 只有在具有三级结构时才能成为有活性的分子。RNA 也能与蛋白质相互作用形成核蛋白复合物。RNA 的四级结构就是 RNA 与蛋白质相互作用的结果。

转运 RNA 分子一般由 74~93 个核苷酸构成,其功能是转运氨基酸,按照信使 RNA 的碱基序列合成蛋白质。

tRNA 分子的二级结构含有 4 个局部互补配对的区域,形成局部双链,呈发夹结构或茎—环样结构,又称三叶草形结构(图 7-11 左图),位于下方的环称反密码环。环中间的 3 个碱基称为反密码子,可与信使 RNA 上相应的三联体密码子碱基互补。

tRNA 分子在二级结构的基础上进一步扭曲形成确定的三级结构。各种 tRNA 的三级结构都像一个倒置的 L(图 7-11 右图)。分子的右上端是氨基酸臂,下端是反密码子。两端距离约 8 nm。不同 tRNA 的精细结构不同,能被专一的氨基酸 tRNA 连接酶和有关的蛋白因子识别。

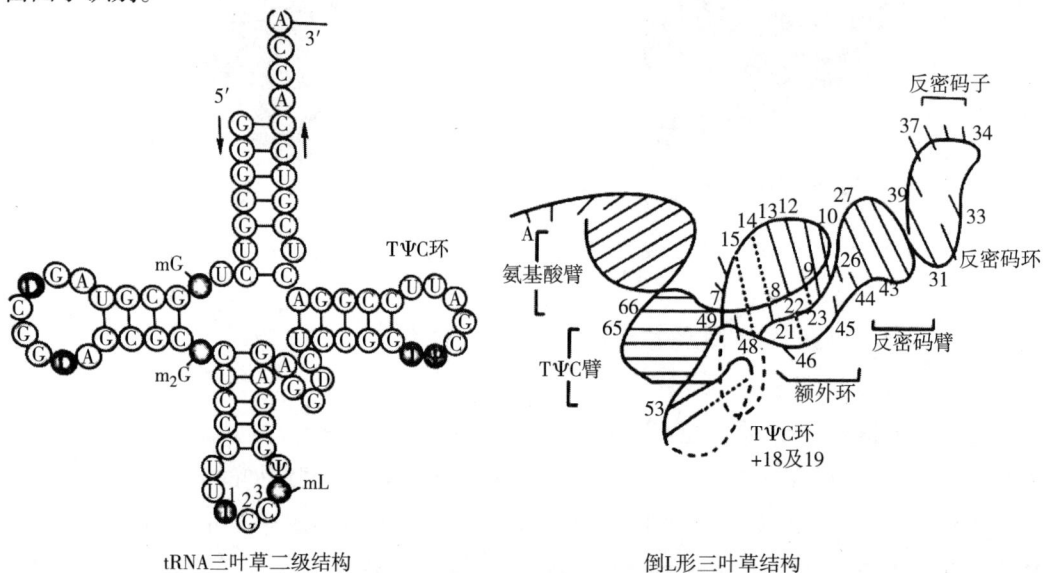

tRNA三叶草二级结构　　　　　倒L形三叶草结构

图 7-11　tRNA 的二级、三级结构

第四节 核酸的性质

一、核酸的物理性质

1. 一般物理性质

核苷酸的纯品都是白色粉末或结晶,DNA 是白色类似石棉样的纤维状物。除肌苷酸和鸟苷酸具有鲜味外,核酸和核苷酸大都呈酸味。

DNA 和 RNA 都是极性化合物,一般都溶于水,不溶于乙醇、氯仿、乙醚等有机溶剂。它们的钠盐在水中的溶解度比游离酸大,如 RNA 的钠盐在水中的溶解度可达 4%。

核酸是相对分子质量很大的高分子化合物。高分子溶液比普通溶液黏度要大得多,高分子形状的不对称性越大,其黏度也就越大:不规则线团分子比球形分子的黏度大,线形分子的黏度更大。由于 DNA 分子极为细长,因此即使是极稀的溶液也有极大的黏度,RNA 分子溶液的黏度要小得多。

2. 核酸的酸碱性质

核酸分子在其多核苷酸链上既有酸性的磷酸基,又有碱基上的碱性基团,因此核酸和蛋白质一样,也是两性电解质,在溶液中发生两性电离。因磷酸基的酸性比碱基的碱性强,故其等电点偏于酸性。利用核酸的两性解离能进行电泳,在中性或偏碱性溶液中,核酸常带有负电荷,在外加电场力作用下,向阳极泳动。利用核酸这一性质,可将相对分子质量不同的核酸分离。

核酸中的酸性基团可与 K^+、Na^+、Ca^{2+}、Mg^{2+} 等金属离子结合成盐。当向核酸溶液中加入适当盐溶液后,其金属离子即可将负离子中和,在有乙醇或异丙醇存在时,即可从溶液中沉淀析出。常用的盐溶液有氯化钠、醋酸钠或醋酸钾。DNA 双螺旋两条链间碱基的解离状态与溶液 pH 有关,溶液的 pH 将直接影响碱基对之间氢键的稳定性,在 pH 4.0~11.0 之间 DNA 最为稳定,在此范围之外易变性。

3. 核酸的紫外吸收性质

在核酸分子中,由于嘌呤碱和嘧啶碱具有共轭双键体系,因而具有独特的紫外线吸收光谱,一般在 260 nm 左右有最大吸收峰,可以作为核酸及其组分定性和定量测定的依据。

将核酸分子的双螺旋结构的 DNA 溶液缓慢地加热时,在 260 nm 波长下吸光度增加的现象称为增色效应。产生增色效应的原因是在加热条件下,DNA 双螺旋结构的氢键断开,双链变为单链,从有规则的双螺旋结构变为单链的无规则卷曲状态。DNA 的变性就是指 DNA 的一级结构不改变,只是空间结构(三维结构构象)、双螺旋结构破坏。

变性的 DNA 分子,在一定条件下可使其复性。复性以后的大分子 DNA 在 260 nm 处的光密度比在 DNA 分子中的各个碱基在 260 nm 吸收的光密度的总和小得多(少 35%~

40%),这种现象就是减色效应。所以根据其光密度的变化,便可测出其复性形成螺旋结构的程度。

二、核酸的变性、复性及分子杂交

1.核酸的变性与复性

(1)变性

在一定理化因素作用下,核酸双螺旋等空间结构中碱基之间的氢键断裂,核酸由双链变成单链的现象称为变性。引起变性的因素有加热、酸、碱、乙醇、丙酮、尿素、酰胺等。在变性过程中,核酸的空间结构被破坏,理化性质发生改变,如黏度下降、生物活性丧失、紫外吸收值增加等。

DNA加热变性过程是在一个狭窄的温度范围内迅速发生的,类似于晶体的熔融。通常将50%的DNA分子发生变性的温度,称为该DNA的解链温度(T_m)。解链温度一般在$85\sim95℃$。T_m值与DNA分子中G和C的含量成正比。

(2)复性

如果在加热后缓慢冷却,则分开的链又可恢复成为双螺旋结构,这一过程称作复性。DNA复性后,一系列理化性质也随之恢复。在缓慢冷却过程中,加热时伸展的单链在溶液中找到与自己互补的另一条单链,两条链的互补碱基重新配对结合,形成氢键。但是即使在最理想条件下也不能达到完全复性的程度。复性程度与DNA的浓度、介质的离子强度及DNA信息含量的多少有关。DNA的浓度越高,则两条互补链在溶液中相遇的机会越多,越易复性。但浓度太高时,DNA容易发生凝集现象,影响复性的进行。复性也受溶液中离子强度的影响,在稀溶液中,两条带负电荷的DNA链互相排斥,如果存在一定浓度的阳离子,容易使两链接近。DNA信息含量少的病毒DNA比信息含量多的真核细胞DNA容易复性,这是因为多核苷酸链越长,就越难找到它的互补链并相互结合。热变性的DNA在缓慢冷却时可发生复性,此过程称为退火。如果DNA热变性后不是缓慢冷却,而是快速冷却,则两条单链不能结合,仍保持分离状态。最佳复性温度为T_m减去25℃,一般在60℃左右。

RNA变性时,也是从螺旋状变为无规则线团状,但由于RNA只有部分双螺旋结构,因此热变性的特征不像DNA那样明显,变性温度低,范围宽,变性曲线不那么陡。RNA热变性中的转变是可逆的。

2.核酸的分子杂交

不同来源的核酸变性后,合并在一起进行复性,只要它们存在大致相同的碱基互补配对序列,就可形成杂化双链,此过程叫杂交。杂交分子可以是DNA-DNA、DNA-RNA或RNA-RNA。

杂交是分子生物学研究中常用的技术之一,利用它可以研究DNA分子中某一种基因的位置、测定两种核酸分子间的序列相似性、检测某些专一序列在待检样品中存在与否等,也是基因芯片技术的基础。

第五节 核酸的分离提纯及应用

一、核酸的分离提纯

1. 制备核酸的一般程序

无论是研究核酸的结构还是研究核酸的功能,都需要制备有一定纯度的核酸样品。但是,在细胞内,核酸常和蛋白质结合成核酸—蛋白质复合物,而且在细胞内还存在许多其他蛋白质及糖类等杂质。欲分离提纯核酸,就要想办法除去蛋白质及其他杂质。

制取核酸样品的根本要求是保持核酸的完整性,即保持其天然状态。而核酸分子很大,特别是 DNA 分子,而且很不稳定,在提取过程中,容易受到许多因素(如温度、酸、碱、变性剂、机械力以及各种核酸酶)的破坏而变性、降解。因此,在分离提纯核酸时,应尽可能在低温下操作,避免过酸、过碱或其他变性因素的影响,并注意使用核酸酶的抑制剂。

2. 分离纯化核酸的一般步骤

(1)细胞破碎

注意加核酸酶的抑制剂,防止核酸被降解。

(2)除去与核酸结合的蛋白质及多糖等杂质

除去蛋白质,可以加酚或氯仿(使蛋白质变性);除去 DNA 中少量的 RNA,可以加核糖核酸酶;除去 RNA 中少量的 DNA,可以加脱氧核酸核糖酶。

(3)除去其他杂质核酸

核酸的高电荷磷酸骨架使其比蛋白质、多糖、脂肪等其他生物大分子物质更具亲水性,根据它们理化性质的差异,用选择性沉淀、层析、密度梯度离心等方法可将核酸分离、纯化。

二、核酸在食品中的应用

1. 核酸探针技术在食品检验中的应用

核酸探针技术又名基因探针技术或核酸分子杂交技术,指两条不同来源的核酸链如果具有互补的碱基序列,就能够特异性地结合而成为分子杂交链。据此,可在已知的 DNA 或 RNA 片段上加上可识别的标记(如同位素标记、生物素标记等),使之成为探针,用以检测未知样品中是否具有与其相同的序列,并进一步判定其与已知序列的同源程度。

核酸探针技术具有敏感性高、特异性强等优点,已成功地将核酸探针技术用于沙门氏菌、弯杆菌、轮状病毒、狂犬病毒等多种病原体的检验上。将重组质粒中金黄色葡萄球菌某基因特异性片段酶切回收,经生物素标记后作为核酸斑点杂交试验探针,结果显示:核酸探针与金黄色葡萄球菌 DNA 呈杂交阳性,而与表皮葡萄球菌、化脓性链球菌、大肠埃希菌等其他细菌 DNA 呈杂交阴性。由此可建立核酸探针快速检测金黄色葡萄球菌的方法。

2. 聚合酶链式反应(PCR)在食品检测中的应用

聚合酶链式反应(PCR)是一种在体外快速扩增特定基因或 DNA 序列的方法。自 1985 年问世以来,PCR 广泛用于生物学科的众多领域,尤其在食品安全检测中具有很大的应用潜力。

PCR 技术类似于 DNA 的天然复制过程,其特异性依赖于与靶序列两端互补的寡核苷酸引物,主要由高温变性、低温退火和适温延伸 3 个步骤反复循环而完成,是在特异耐热酶(TaqDNA 聚合酶)的催化下完成的反应。PCR 技术具有特异、敏感、产率高、快速、简便、重复性好、易自动化等突出优点。通过 PCR 技术可在数小时内将一分子的 DNA 成百万倍甚至上亿倍的复制。

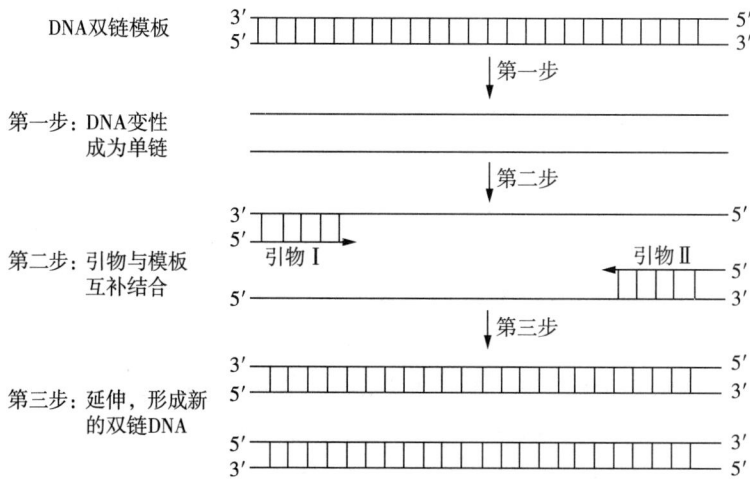

图 7-12　PCR 基本步骤图

这项技术的基本步骤是:

①变性。在高温条件下,DNA 双链解离形成单链 DNA。

②退火。当温度突然降低时,引物与其互补的模板在局部形成杂交链。

③延伸。在 DNA 聚合酶、dNTPs 和 Mg^{2+} 存在的条件下,聚合酶催化以引物为起始点的 DNA 链延伸反应。

以上三步为一个循环,每一循环的产物可以作为下一个循环的模板。几十个循环之后,介于两个引物之间的特异性 DNA 片段得到了大量复制,通常可扩增 10^6 倍。

利用 PCR 技术可以检测食源性致病菌,包括肠出血性大肠杆菌 O157:H7、金黄色葡萄球菌、沙门氏菌等。依据肠炎沙门氏菌 C_7 克隆株具备的特异属性序列研发出一对引物,可以高效地检测出食品中携带的沙门氏菌,其检测的特异性与敏感性达到 100%,有效保证了食品检测的安全高效。PCR 技术还可以检测食品中相关成分。现在食品加工比较重视各种营养成分的均衡,经过不断加工后许多原料已经发生变化,有时无法用常规方法检测出其中某些成分的含量,只能够从说明书中获取,一些不法厂商通常会用一些替代品代替产品中的主要成分。采用 PCR 技术检测食品的相关成分,不但可以定量检测,而且可以定性分析。目前许多转基因产品也已经运用 PCR 技术来检测其有关成分。

3.核酸的营养价值与核酸保健品

植物、动物性食品都含有核酸。食物中的核酸被肠道中原本就存在的酶降解,变成没有遗传功能的碱基、核苷、核苷酸,是食物中核酸真正被吸收的三种物质。核酸的营养体现在膳食核酸对三大营养素的吸收和利用起着调节作用。在低蛋白情况下,核酸可以增加血中蛋白质的吸收和利用,消除低蛋白饮食造成的各种不良的影响;在脂质代谢中,核酸可增加血中高密度脂蛋白和多不饱和脂肪酸的含量,降低胆固醇含量。

曾经风靡一时的核酸保健品,被称为"跨世纪的营养素"。保健品中是核酸而非核苷酸,前者是大分子物质,后者是小分子物质,大分子物质进入人体后须经水解成为小分子方可被人体吸收,必然不如直接补充小分子物质。平时的食物就可以提供给人们大量的核酸,而且核酸在人体内是可以被多次利用的,所以人们日常所需的核酸补充量并不是很大。痛风患者、血尿酸高者、肾功能异常者三类人群不适宜补充核酸保健食品。

【实验实训】

实验实训六　新鲜动物肝脏中 DNA 的提取(浓盐法)

一、实验目的

1.掌握浓盐法提取新鲜动物肝脏 DNA 的原理和方法
2.了解核酸的性质

二、实验原理

核酸和蛋白质是构成生物有机体的主要成分,在细胞中 DNA 与蛋白质形成脱氧核糖核蛋白。核酸分为 DNA 和 RNA,DNA 主要存在于细胞核中,RNA 主要存在于核仁及细胞质中。在制备核酸时应防止过酸、过碱或其他能引起核酸降解的因素,必要时还要加入 DNA 酶抑制剂。

在低浓度的 NaCl 溶液中,动物 DNA 核蛋白的溶解度很低,如 DNA 核蛋白在 0.14 mol/L 的 NaCl 溶液中几乎不溶,其溶解度约为纯水中溶解度的 1%。然而当 NaCl 溶液浓度增至 1.0 mol/L 时,DNA 核蛋白的溶解度很大,约为纯水中溶解度的 2 倍。因此,可用氯化钠溶液分离得到 DNA 核蛋白。在分离过程中加入少量柠檬酸钠,可抑制脱氧核糖核酸酶对 DNA 的水解作用。SDS(十二烷基硫酸钠)能使脱氧核糖核蛋白产生解聚作用,将抽提得到的脱氧核糖核蛋白用 SDS 处理后,DNA 即与蛋白质分离开,再用氯仿将蛋白质沉淀除去,最后用冷乙醇将 DNA 析出,从而获得纯化的 DNA。在氯仿中加入少量异戊醇能减少操作过程中泡沫的产生,并有助于分相:使离心后的上层的水相,中层的变性蛋白,下层的有机溶剂相保持稳定。

含有脱氧核糖的 DNA 在酸性条件下和二苯胺在沸水浴中共热 10 min 后,DNA 嘌呤核苷酸上的脱氧核糖遇酸生成酮基戊醛,再和二苯胺作用产生蓝色物质。

三、试剂与器材

1. 试剂

①0.1 mol/L 氯化钠—0.05 mol/L 柠檬酸钠缓冲溶液。

②氯仿—异戊醇混合液(V/V=20:1)。

③5%(W/V)SDS:称取 5 g SDS 溶于 100 mL 45%乙醇。

④95%乙醇。

⑤二苯胺试剂。

⑥固体 NaCl。

2. 材料

新鲜动物肝脏(或脾脏)。

3. 器材

离心机、匀浆器、吸量管、烧杯、大试管、玻璃棒等。

四、操作步骤

①称取新鲜动物肝脏 4 g,用剪刀剪碎,放入匀浆器研磨,然后加入 0.1 mol/L 氯化—0.05 mol/L 柠檬酸钠缓冲溶液 6 mL,装在 10 mL 的离心管中。将匀浆物在 4000 r/min 下离心 10 min。

②将上述沉淀转入 50 mL 大试管中,依次加入 6 mL 氯化钠柠檬酸钠缓冲溶液、3 mL 氯仿—异戊醇混合液、0.5 mL SDS。混合物剧烈振荡 15 min,然后缓慢加入事先在研钵中研成粉末的固体 NaCl 0.55 g,使其终浓度为 1 mol/L,慢摇 5 min,使氯化钠充分溶解。

③将上述混合液在 4000 r/min 离心 15 min 后分层,上层为水相(含 DNA 钠盐),中层为变性的蛋白质沉淀,下层为氯仿混合液。用滴管吸取上层水相并量取体积,然后倒入 50 mL 烧杯中,加入等体积冷 95%乙醇,边加边用玻璃棒朝一个方向慢慢搅动直至溶液澄清。将 DNA 凝胶缠绕在玻璃棒上,用滤纸吸去多余的乙醇但不要让样品过分干燥,即得 DNA 粗品。DNA 粗品用蒸馏水溶解至 10 mL。

④显色反应:取上述 DNA 产物 2 mL 加入二苯胺试剂 2 mL 放沸水浴显色,观察颜色。

五、注意事项

①在制备新鲜肝脏匀浆物时,应保证低温操作,并尽快加入含 0.1 mol/L 氧化钠的 0.05 mol/L 柠檬酸钠缓冲溶液,以抑制脱氧核糖核酸酶,防止 DNA 的分解,提高核酸提取量。

②固体 NaCl 应磨碎且分批慢慢加入,边加边摇,避免局部浓度过大或未及时溶解而沉入氯仿层。

③在用氯仿—异戊醇溶液除去组织蛋白时,要剧烈振荡使蛋白变性。若振荡不够,则影响 DNA 制品的质量。

④变性蛋白质层容易分散,吸取上层水相时应小心,不要将蛋白质和下层的氯仿吸入。

六、思考题

①分离纯化 DNA 时通常用什么试剂?

②如何防止大分子核酸在提取过程中被降解和断裂?

③在 DNA 提取过程中乙醇的作用是什么? 为什么用预冷的乙醇效果更好?

实验实训七　紫外吸收法测定核酸含量

一、实验目的

1. 熟悉紫外分光光度计的基本原理和使用方法

2. 掌握紫外分光光度法测定核酸含量的原理和操作方法

二、实验原理

嘌呤、嘧啶碱基的分子结构中具有共轭双键,能够强烈吸收 $250 \sim 280$ nm 波长的紫外线,其最大吸收值在 260 nm 左右。核苷、核苷酸及核酸分子组成中都含有这些碱基,因此也可以吸收紫外线。测定核酸在 260 nm 处的光吸收值,可计算出核酸的含量。

本实验采用比消光系数法来测定核酸含量。核酸的摩尔消光系数 $\varepsilon(P)$ 表示为每升溶液中含有 1 mol 原子磷的光吸收值。RNA 的 $\varepsilon(P)$260 nm(pH 7.0)为 $7700 \sim 7800$,RNA 的含磷量约 9.5%,因此每毫升溶液含 1 μg RNA 的光吸收值相当于 $0.022 \sim 0.024$。小牛胸腺 DNA 钠盐的 $\varepsilon(P)$260 nm(pH 7.0)为 6600,含磷量为 9.2%,因此每毫升溶液含 1 μg DNA 钠盐的光吸收值相当于 0.020。

从 A_{260}/A_{280} 的比值可判断样品的纯度。纯 RNA 的 $A_{260}/A_{280} \geqslant 2.0$;DNA 的 $A_{260}/A_{280} \geqslant 1.8$。当样品中蛋白质含量较高时,则比值下降。RNA 和 DNA 的比值分别小于 2.0 和 1.8 时,表示此样品不纯。

三、试剂与器材

1. 试剂

①钼酸铵—过氯酸沉淀剂:取 3.6 mL 70% 过氯酸和 0.25 g 钼酸铵溶于 96.4 mL 蒸馏水中,即得 0.25% 钼酸铵—2.5% 过氯酸溶液。

食品生物化学

②5%~6%氨水:用25%~30%氨水稀释5倍。

③核酸样品DNA或RNA。

2. 器材

紫外分光光度计、离心机、移液管、容量瓶、玻璃棒、电子天平。

四、操作步骤

①准确称取待测核酸样品0.5 g,加少量0.01 mol/L NaOH溶液调成糊状,再加适量水,用5%~6%氨水调至pH 7.0,定容至50 mL。

②分别取两支离心管:A管加入2 mL样品溶液和2 mL蒸馏水;B管加入2 mL样品溶液和2 mL沉淀剂(作为对照,沉淀除去高分子核酸)。摇匀后离管置冰箱内30 min,使沉淀完全。

③A、B两管在3000 r/min下离心10 min。从A、B两管中分别吸取0.5 mL上清液,转入相应的A、B两容量瓶内,用蒸馏水定容至50 mL。以蒸馏水作空白对照,使用紫外光度计分别测定上述A、B两稀释液的A_{260}值和A液的A_{280}值,求出A_{260}/A_{280},判断样品的纯度。

④计算。

$$DNA或RNA总含量(\mu g) = \frac{\Delta A_{260}}{0.020(或0.024) \times L} \times V_总 \times N$$

式中:ΔA_{260}——A管稀释液在260 nm波长处A值减去B管稀释液在260 nm波长处A值;

L——比色杯的厚度,cm;

$V_总$——被测样品液总体积,mL;

N——稀释倍数;

0.020或0.024——每毫升溶液内含1 μg DNA或1 μg RNA的A值。

$$DNA或RNA(\%) = \frac{1 mL待测样品液中核酸(\mu g)}{1 mL待测样品液中制品量(\mu g)} \times 100\%$$

注:1 mL待测样品液中制品量为50 μg。

A_{260}/A_{280}可用来判断样品的纯度。如果待测的核酸样品中不含核苷酸或可透析的低聚多核苷酸,则将样品配制成一定浓度的溶液(20~50 μg/mL)在紫外分光光度计上直接测定。

五、说明

紫外吸收法测定核酸类物质方法简便、快速、灵敏度高。但在测定核酸粗制品时,样品中的蛋白质及色素等具有紫外吸收的杂质对测定有明显干扰;高分子核酸制备过程中变性降解后有增色效应,因此有时核酸的紫外吸收法测得的含量值会高于用定磷法测得的值。蛋白质也有紫外吸收,通常蛋白质的吸收高峰在280 nm波长处,在260 nm处的吸收值仅

110

为核酸的 1/10 或更低。因此对于含有微量蛋白质的核酸样品,测定误差较小。若待测的核酸制品中混有大量的具有紫外吸收的杂质,则测定误差较大,应设法除去。不纯的样品不能用紫外吸收值作定量测定。

六、思考题

①干扰本实验的物质有哪些?
②采用紫外吸收法测定样品的核酸含量,有何优缺点?

【思考与练习】

一、名词解释

单核苷酸;核酸;DNA 一级结构;DNA 二级结构;增色效应;DNA 变性;DNA 解链温度。

二、填空题

1. 核酸可分为＿＿＿＿＿＿和＿＿＿＿＿＿两大类,前者主要存在于真核细胞的＿＿＿＿＿＿和原核细胞＿＿＿＿＿＿部位,后者主要存在于细胞的＿＿＿＿＿＿部位。

2. 构成核酸的基本单位是＿＿＿＿＿＿,由＿＿＿＿＿＿、＿＿＿＿＿＿、＿＿＿＿＿＿3 部分组成。

3. 核酸的水解产物中,戊糖包括＿＿＿＿＿＿、＿＿＿＿＿＿,碱基包括＿＿＿＿＿＿、＿＿＿＿＿＿两类。

4. DNA 和 RNA 相连接具有严格的方向性,由前一核苷酸的＿＿＿＿＿＿与下一位核苷酸的＿＿＿＿＿＿间形成 3′,5′-磷酸二酯键。

5. DNA 的二级结构是＿＿＿＿＿＿结构,DNA 的三级结构是＿＿＿＿＿＿结构。

6. DNA 双螺旋的两股链的顺序是＿＿＿＿＿＿关系。

7. 在 DNA 双链中,＿＿＿＿＿＿和＿＿＿＿＿＿位于双链外侧,而＿＿＿＿＿＿位于双链内侧,两条链的碱基之间以＿＿＿＿＿＿键相结合。

8. UMP 是＿＿＿＿＿＿;dATP 是＿＿＿＿＿＿;脱氧胞苷二磷酸是＿＿＿＿＿＿。

9. DNA 在水溶液中热变性后,如果将溶液迅速冷却,则大部分 DNA 保持＿＿＿＿＿＿状态;若使溶液缓慢冷却,则 DNA 重新形成＿＿＿＿＿＿。

10. 一般情况下,DNA 分子中的 G-C 含量高时,Tm(解链温度)则＿＿＿＿＿＿,分子比较稳定。

三、选择题

1. 在核酸测定中,可用于计算核酸含量的元素是(　　)。
A. 碳　　　　B. 氧　　　　C. 氮　　　　D. 氢　　　　E. 磷

2. 通常既不见于 DNA 又不见于 RNA 的碱基是(　　)。

　A. 腺嘌呤　　B. 黄嘌呤　　C. 鸟嘌呤　　D. 胸腺嘧啶　　E. 尿嘧啶

3. 脱氧核糖核苷酸彻底水解生成的产物是(　　)。

　A. 核糖和磷酸　　　　　　　　　　B. 脱氧核糖和碱基

　C. 脱氧核糖和磷酸　　　　　　　　D. 磷酸、核糖和碱基

　E. 脱氧核糖、磷酸和碱基

4. 核酸对紫外吸收的最大吸收峰在哪一波长附近(　　)?

　A. 220 nm　　B. 240 nm　　C. 260 nm　　D. 280 nm　　E. 300 nm

5. DNA 的一级结构是指(　　)。

　A. 许多单核苷酸通过 3′,5′-磷酸二酯键连接而成的多核苷酸链

　B. 各核苷酸中核苷与磷酸的连接链

　C. DNA 分子中碱基通过氢键连接链

　D. DNA 反向平行的双螺旋链

　E. 磷酸和戊糖的链形骨架

6. 关于 DNA 双螺旋结构学说的叙述,哪一项是错误的(　　)?

　A. 由两条反向平行的 DNA 链组成

　B. 碱基具有严格的配对关系

　C. 戊糖和磷酸组成的骨架在外侧

　D. 碱基平面垂直于中心轴

　E. 生物细胞中所有 DNA 二级结构都是右手螺旋

7. 构成多核苷酸链骨架的关键是(　　)。

　A. 2′,3′-磷酸二酯键　　　　　　　B. 2′,4′-磷酸二酯键

　C. 2′,5′-磷酸二酯键　　　　　　　D. 3′,4′磷酸二酯键

　E. 3′,5′-磷酸二酯键

8. DNA 复制时不需要下列哪种酶(　　)。

　A. DNA 指导的 DNA 聚合酶　　　　B. RNA 引物酶

　C. DNA 连接酶　　　　　　　　　　D. RNA 指导的 DNA 聚合酶

9. DNA 分子中与片段 pTAGA 互补的片段是(　　)。

　A. pTAGA　　B. pAGAT　　C. pATCT　　D. pTCTA　　E. pUGUA

10. DNA 变性后,下列哪一项变化是正确的? (　　)

　A. 对 260 nm 紫外吸收减少　　　　B. 溶液黏度下降

　C. 磷酸二酯键断裂　　　　　　　　D. 核苷键断裂

　E. 嘌呤环破裂

11. 双链 DNA 有较高的解链温度是由于它含有较多的(　　)

　A. 嘌呤　　B. 嘧啶　　C. A 和 T　　D. C 和 G

12. DNA 复性的重要标志是(　　　　)。

A. 溶解度降低

B. 溶液黏度降低

C. 紫外吸收增大

D. 紫外吸收降低

四、判断题(在题后括号内打√或×)

1. DNA 是生物遗传物质,RNA 则不是。(　　　)

2. 同种生物体不同组织中的 DNA,其碱基组成也不同。(　　　)

3. 多核苷酸链内共价键断裂叫变性。(　　　)

4. 真核细胞的 DNA 全部定位于细胞核。(　　　)

5. 构成 RNA 分子中局部双螺旋的两个片段也是反向平行的。(　　　)

6. 复性后 DNA 分子中的两条链并不一定是变性之前的两条互补链。(　　　)

7. 自然界的 DNA 都是双链的,RNA 都是单链的。(　　　)

8. 杂交双链是指 DNA 双链分开后两股单链的重新结合。(　　　)

9. 如果 DNA 一条链的碱基顺序是 CTGGAC,则互补链的碱基序列为 GACCTG。(　　　)

10. 若种属 A 的 DNA 的 T_m 值低于种属 B,则种属 A 的 DNA 比种属 B 含有更多的 A—T 碱基对。(　　　)

11. 核酸的紫外吸收与溶液的 pH 值无关。(　　　)

12. 核酸变性或降解时,出现减色效应。(　　　)

13. 因为 DNA 两条链是反向平行的,在双向复制中,一条链按 $5'{\rightarrow}3'$ 方向合成,另一条链按 $3'{\rightarrow}5'$ 方向合成。(　　　)

14. DNA 和 RNA 的基本组成单位都是核苷酸。(　　　)

五、简答题

1. 核酸、核苷酸、核苷三类物质在结构上有何关系?

2. DNA 与 RNA 分子组成上有什么差别?

3. DNA 双螺旋结构模型的基本要点是什么?

4. DNA 其中一条单链片段碱基顺序为 $5'-GCATACCTGA-3'$,求其互补链的碱基顺序并指明方向。

5. 何谓 T_m 值? 其大小与哪些因素有关?

第八章 酶

学习目标

1. 掌握酶的概念、酶的化学本质和酶催化反应的特点。
2. 了解酶的分类与命名,掌握酶的分子组成。
3. 掌握酶的活性中心的概念、组成和特点。
4. 掌握酶催化反应的机理。
5. 掌握温度、pH、酶浓度、底物浓度、激活剂及抑制剂对酶促反应速率的影响。
6. 熟悉食品工业中重要的酶及其应用,了解固定化酶。

第一节 概述

生命现象的本质在于它能进行新陈代谢,与自然界进行物质交换和能量交换。动物利用植物体中的营养物质,经过错综复杂的分解和合成反应将其转化为自身的组成部分,以维持个体的生长、发育、繁殖。绿色植物又能利用阳光、水、二氧化碳及无机盐等简单的物质,通过一系列变化合成复杂的糖、蛋白质、脂肪等物质。而食品的腐败变质则多由微生物的生命活动所致。生物体内发生的许多反应,如果在生物体外进行这些化学反应,通常需要高温、高压、强酸、强碱等剧烈条件下才能完成,生物细胞之所以能在常温常压下以极高的速率有条不紊、轻而易举地进行化学反应是由于生物体内具有一类特殊的催化剂——酶。

一、酶的概念及化学本质

1. 概念

酶是由生物体活细胞产生的具有特殊催化活性和特定空间构象的生物大分子,包括蛋白质和核酸,又称为生物催化剂。

Payon 及 Persoz 于 1833 年从麦芽提取液中分离到一种能水解淀粉的物质,他们称为淀粉酶,后来 Kühne(1876)将这类生物催化剂统称为酶(enzyme)。

生物体内的代谢活动,是由无数错综复杂的反应组成的。这些反应都具有一定顺序性和连续性,且反应互相配合有条不紊地进行着。这是因为有许许多多的酶受到多方面因素的调节和控制,组合成有规律、有组织的酶系来完成复杂的代谢活动。只要有生命活动的地方,就有酶在起作用,生命不能离开酶而存在。所以酶在生物体内具有相当重要的作用。

研究酶的化学性质及其作用机理,对于人类了解生命活动规律,从而进一步指导有关生产实践具有重要意义。

酶是生物体活细胞所产生的,各种生物或细胞都能产生自己所需要的酶。在新陈代谢过程中,几乎所有的化学反应都是在酶的催化下进行的,而且条件温和,反应效率极高,使生物体内各种物质处于不断的新陈代谢中。从这个意义上讲,没有酶就没有生命。

在许多情况下,细胞内生成的酶可以分泌到细胞外或转移到其他组织器官中发挥作用。通常把由细胞内产生并在细胞内部起催化作用,参与细胞的代谢活动,并不分泌至细胞外的酶称为胞内酶;而把在细胞内产生的分泌到细胞外起催化作用的酶称为胞外酶。一般主要的水解酶类,如淀粉酶、脂肪酶,人体消化道中的各种蛋白酶都是胞外酶。而水解酶类以外的其他酶多数属于胞内酶,胞内酶的获得需要破碎细胞,比胞外酶的提取麻烦一些。

酶催化化学反应的性能叫作酶的催化活性。如果酶失去催化能力,称为酶的失活。由酶催化的化学反应叫作酶促反应。在酶促反应中被酶催化发生反应的物质叫作底物,由底物转变成的新物质叫作产物。

2. 酶的化学本质

关于酶的化学本质,在历史上进行过长时间的争论,直到 1926 年,美国生物化学家 J. B. Sumner 第一次从刀豆中提取出脲酶,并得到了结晶,通过物理和化学分析证明该酶具有蛋白质的一切属性后,提出了酶是蛋白质的概念。后来其他科学家也纯化结晶得到诸如胃蛋白酶和胰蛋白酶等多种蛋白质水解酶,并且证明它们都是蛋白质,这样酶的化学本质是蛋白质这一结论才得到科学界的认可。

酶的化学本质是蛋白质,主要表现在以下几个方面。

①同其他蛋白质一样,酶可被酸、碱或蛋白酶水解,得到各种氨基酸,从而失去催化活性。

②酶具有两性电解质的性质。在不同的 pH 溶液中,酶可以以阴离子、阳离子或两性离子形式存在,可用电泳法进行分离。

③酶是高分子化合物,相对分子质量也很大,其水溶液具有亲水胶体的性质,不能透过细胞膜。

④酶具有复杂的空间结构,凡能引起蛋白质变性的因素(热、强酸、强碱、重金属盐等)都能破坏酶的空间结构,造成酶的变性失活。

长期以来,人们都认为所有的酶都是蛋白质,但从 1982 年以后,随着某些具有酶的催化功能的 RNA 和 DNA 陆续发现,人们进一步认识到,酶不全都是蛋白质,它包括蛋白质和核酸。但由于核酸参与的催化反应有限,而且这些反应均可由相应的具有蛋白质属性的酶所催化。因此,确切地说,酶的化学本质主要是蛋白质,蛋白质属性的酶仍是生物体内最主要的催化剂。

二、酶的组成

除了某些具有催化活性的 RNA 外,其他的酶都是蛋白质或者以蛋白质为主要成分。

蛋白质根据其分子组成的不同,可分为单纯蛋白质和结合蛋白质两大类,同样,根据化学组成特点,酶与其他蛋白质一样,可分为单纯蛋白酶和结合蛋白酶两类。

1. 单纯蛋白酶

这类酶完全由蛋白质组成,水解的最终产物只有氨基酸,不含其他物质,其催化活性仅仅决定于蛋白质的结构。单纯蛋白酶有脲酶、蛋白酶、淀粉酶、脂肪酶和核糖核酸酶等。

2. 结合蛋白酶

结合蛋白酶由蛋白质和非蛋白质两部分组成。这类酶水解后除得到氨基酸外,还有非氨基酸类物质。许多氧化还原酶类、转移酶类,如细胞色素氧化酶、乳酸脱氢酶、转氨酶等均属于结合蛋白酶。

结合蛋白酶中的蛋白质部分叫作酶蛋白,非蛋白质部分叫作辅助因子(表 8-1)。酶蛋白与辅助因子单独存在时均无催化活性,这两部分只有结合起来组成复合物才能显示催化活性,此复合物称为全酶。因此,全酶=酶蛋白+辅助因子。

在全酶的催化反应中,酶蛋白与辅助因子所起的作用不同。酶蛋白决定着酶催化反应的专一性,只有空间结构与酶蛋白质的空间结构相适应的底物分子才能被催化;辅助因子则是作为电子、原子或某些化学基团的载体起传递作用,参与反应并促进整个催化过程,辅助因子可以决定和反映出酶催化反应的性质。

辅助因子包括金属离子和小分子有机物。有的酶的辅助因子是金属离子,有的则是小分子有机物。作为辅助因子的金属离子常见的有 Zn^{2+}、Mg^{2+}、Fe^{2+}、Fe^{3+}、Cu^{2+}、Cu^+、Mo^{2+} 等。它们有多方面功能:有的是酶的活性中心的组成成分;有的则帮助形成酶分子所必需的空间构象,或在底物与酶分子之间起桥梁作用。结合蛋白酶中的小分子有机物有 FMN、FAD、NAD^+、铁卟啉等,它们一般在酶促反应中作为电子、原子或某些化学基团的载体参与反应,通常将它们称为辅酶或辅基。辅基与辅酶之间并没有严格界限,只是它们与蛋白质部分结合的牢固程度不同而异。把那些与酶蛋白结合得比较疏松的,用透析等方法可以除去的小分子有机物叫作辅酶;而与酶蛋白结合得比较紧密的,用透析等方法不容易除去的小分子有机物叫作辅基。

表 8-1　某些含有或需要金属离子作为辅助因子的酶

金属离子	酶(举例)
Fe^{2+} 或 Fe^{3+}	细胞色素氧化酶、过氧化氢酶、过氧化物酶
Cu^{2+}	细胞色素氧化酶
Zn^{2+}	碳酸酐酶、乙醇脱氢酶

金属离子	酶(举例)
Mg^{2+}	己糖激酶、丙酮酸激酶
Mn^{2+}	精氨酸酶、核糖核苷酸还原酶

生物体内酶的种类很多,但辅酶或辅基的种类却较少。同一种辅酶或辅基往往能与多种不同的酶蛋白结合,组成多种催化功能不同的全酶,如NAD^+可作为许多脱氢酶(如乳酸脱氢酶、3-磷酸甘油醛脱氢酶等)的辅酶。但每一种酶蛋白只能与特定的辅酶或辅基结合,才能成为一种有活性的全酶。例如,在3-磷酸甘油醛脱氢酶中,只有当酶蛋白与NAD^+(辅酶 I)结合时,才能催化3-磷酸甘油醛脱氢,其中NAD^+起着传递氢原子的作用(表8-2)。

表8-2 某些作为特殊原子或基团瞬间载体的辅酶

辅酶	被转移的基团	哺乳动物食物性前体
焦磷酸硫胺素(TPP)	醛基	硫胺素(维生素 B_1)
黄素核苷酸(FMN 或 FAD)	电子	核黄素(维生素 B_2)
烟酰胺腺嘌呤核苷酸(NAD+或 NADP+)	氢离子	烟酸
辅酶 A(COA~SH)	酰基	泛酸加其他组分
5′-脱氧腺苷钴胺素	氢原子或烷基	维生素 B_{12}
四氢叶酸(FH_4)	一碳单位	叶酸
生物胞素	CO_2	生物素
硫辛酸	电子和酰基	

3. 单体酶、寡聚酶和多酶复合体系

根据酶蛋白分子结构特点,酶可分为三类:

①单体酶。仅由一条多肽链组成的酶称为单体酶,它们不能解离为更小的单位。其分子量为13000~35000。单体酶数量不多,而且大多是促进底物发生水解反应的酶,即水解酶,如溶菌酶、胰蛋白酶及木瓜蛋白酶等。

②寡聚酶。由两个以上亚基组成的酶称为寡聚酶。组成寡聚酶的亚基可以是相同的,也可以是不同的。亚基间以非共价键结合,容易受酸、碱、高浓度的盐或其他的变性剂的作用而分离。通过寡聚酶的聚合和解聚方式可调节酶活力的高低。寡聚酶的分子量从几万到几百万,如3-磷酸甘油醛脱氢酶等。

③多酶复合体系。多酶复合体系是由几个酶彼此嵌合形成的复合体,又称多酶体系。多酶复合体系一般由功能相关的酶组成,它们能按一定的顺序催化一系列的连续反应,以提高酶的催化效率,同时便于机体对酶的调控。多酶复合体的分子量很高,都在几百万以上,如丙酮酸脱氢酶系和脂肪酸合成酶系都是多酶复合体系。

三、酶的分类

为了有效地研究和应用酶,国际酶学委员会根据酶催化反应的类型不同,把酶分为氧化还原酶类、转移酶类、水解酶类、裂解酶类、异构酶类和合成酶类六大类。

1. 氧化还原酶类

催化底物进行氧化还原反应的酶叫作氧化还原酶。这类酶包括脱氢酶、加氧酶、氧化酶、还原酶、过氧化物酶等。催化反应通式为:

$$A \cdot 2H + B \rightleftharpoons A + B \cdot 2H$$

例如,乳酸脱氢酶催化乳酸进行氧化(去氢)反应。

$$\begin{array}{ccc}
\text{COOH} & & \text{COOH} \\
| & & | \\
\text{HO—C—H} + \text{NAD}^+ & \xrightleftharpoons{\text{乳酸脱氢酶}} & \text{C}=\text{O} + \text{NADH} + \text{H}^+ \\
| & & | \\
\text{CH}_3 & & \text{CH}_3 \\
\text{乳酸} & & \text{丙酮酸}
\end{array}$$

2. 转移酶类

催化相应的功能基团从一种化合物转移到另一种化合物上的酶叫作转移酶。这类酶包括转氨酶、转甲基酶、转酰基酶等。反应通式为:

$$AB + C \rightleftharpoons A + BC$$

例如,丙氨酸转氨酶催化丙氨酸分子的氨基转移到 α-酮戊二酸分子的反应。

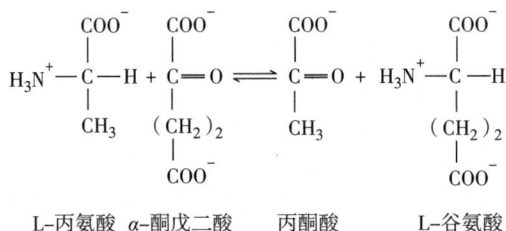

$$\begin{array}{cccc}
\text{COO}^- & \text{COO}^- & \text{COO}^- & \text{COO}^- \\
| & | & | & | \\
\text{H}_3\text{N}^+\text{—C—H} + \text{C}=\text{O} & \rightleftharpoons & \text{C}=\text{O} + \text{H}_3\text{N}^+\text{—C—H} \\
| & | & | & | \\
\text{CH}_3 & (\text{CH}_2)_2 & \text{CH}_3 & (\text{CH}_2)_2 \\
& | & & | \\
& \text{COO}^- & & \text{COO}^-
\end{array}$$

L-丙氨酸 α-酮戊二酸   丙酮酸   L-谷氨酸

大多数转移酶需要辅酶的存在。底物分子的一部分通常以共价的方式与酶或它们的辅酶结合。催化磷酸基从 ATP 转移到相应底物上的酶叫作激酶。

3. 水解酶类

催化底物进行水解反应的酶叫作水解酶。这类酶包括淀粉酶、蛋白酶、脂肪酶等。反应通式为:

$$AB + HOH \rightleftharpoons AOH + BH$$

例如,β-D-半乳糖苷酶催化 β-D-半乳糖苷的水解。

水解酶可以看作一类特殊的转移酶,水作为被转移基团的受体。

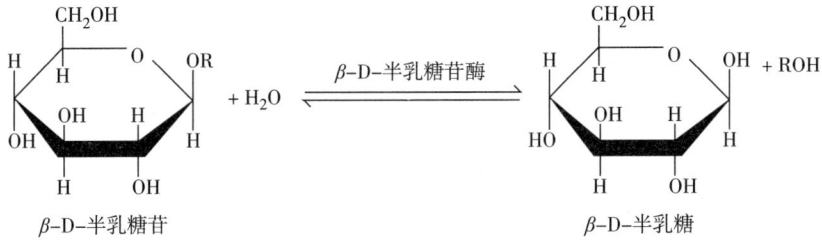

β-D-半乳糖苷 $+H_2O$ $\xrightarrow{\beta\text{-D-半乳糖苷酶}}$ β-D-半乳糖 $+ROH$

4. 裂解酶类

裂解酶类也叫裂合酶类,是催化从底物上移去一个基团而形成双键的反应或其逆反应的酶类。这类酶包括醛缩酶、脱羧酶、水合酶等。反应通式为:

$$AB \rightleftharpoons A+B$$

例如,醛缩酶催化 1,6-二磷酸果糖裂解生成磷酸二羟丙酮和 3-磷酸甘油醛。

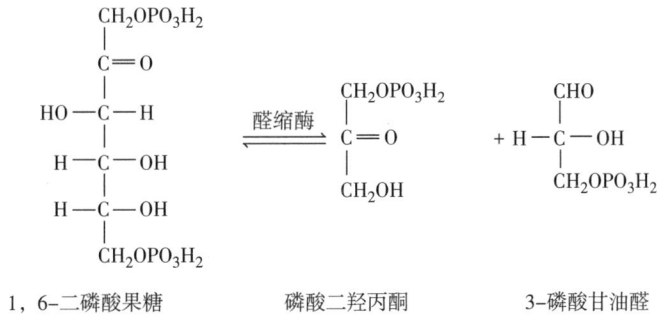

1,6-二磷酸果糖   磷酸二羟丙酮   3-磷酸甘油醛

这类酶催化的反应是非水解的、非氧化性的消除反应。在细胞内,能催化加入反应的裂合酶通常叫作合酶。合酶与合成酶催化反应的性质是不同的,两者不能混淆。

5. 异构酶类

催化各种同分异构体之间相互转变的酶叫作异构酶,包括磷酸己糖异构酶、磷酸葡萄糖变位酶、消旋酶等。这类酶类只有一种底物和一种产物,所以它们是催化最简单反应的酶。反应通式为:

$$A \rightleftharpoons B$$

例如,丙氨酸消旋酶就是催化 D-丙氨酸和 L-丙氨酸之间相互转化反应的酶。

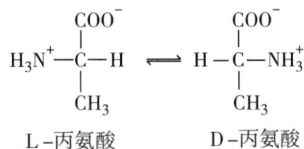

L-丙氨酸   D-丙氨酸

6. 合成酶类

催化与 ATP(或相应的核苷酸三磷酸)的磷酸酐键断裂相偶联的,由小分子合成较大分子的反应的酶叫作合成酶,也叫连接酶类。这类酶的主要特点是 ATP 必须参与供能,促进两个化合物进行化合反应。这一类酶包括谷氨酰胺合成酶、谷胱甘肽合成酶、羧化酶等。

反应通式为:

$$A+B+ATP \rightleftharpoons AB+ADP+Pi$$

例如,谷氨酰胺合成酶是在消耗 ATP 的条件下,催化谷氨酸和氨合成谷氨酰胺,这种酶就是合成酶。

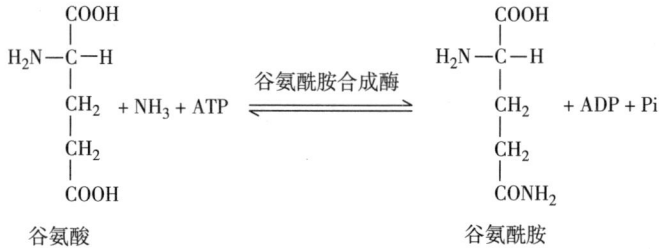

谷氨酸   谷氨酰胺

四、酶的命名

酶的命名方法有习惯命名法和系统命名法两种。

1. 习惯命名法

1961 年以前使用的酶的名称都是过去沿用的,称为习惯名。习惯命名的原则有以下几点。

①根据其所催化的底物来命名。即在酶所作用的底物名之后加上"酶"字。如催化水解淀粉的酶称为淀粉酶;催化水解脂肪的酶称为脂肪酶;催化水解蛋白质的称为蛋白酶。

②根据所催化的反应的类型来命名。即在所催化反应的性质之后加上"酶"字。如催化同分异构体相互转化的酶叫作异构酶;催化底物分子水解的酶叫作水解酶;催化一种化合物上的氨基转移到另一化合物上的酶叫作转氨酶。

③结合上述两个原则来命名。如琥珀酸脱氢酶是根据其作用底物是琥珀酸和所催化的反应为脱氢反应而命名的。

④在上述命名的基础上,根据酶的来源或其他特点来命名,以区别同一类酶。如胃蛋白酶和胰蛋白酶,指明其来源不同;碱性磷酸酶和酸性磷酸酶则指出这两种磷酸酶所要求的酸碱度不同。

习惯命名法比较简单,使用方便,应用历史较长,但缺乏系统性。随着被认识的酶的数目日益增多,就出现了许多问题:例如一酶数名或一名数酶现象,也有些酶的命名不甚合理。为了适应酶学发展的新情况、避免命名的重复和混乱,国际酶学委员会于 1961 年提出新的酶系统命名及分类的原则。

2. 系统命名法

为了对酶进行有效的分类和查询,在每一大类酶中,又根据底物中被作用的基团或键的特点将每一大类分为若干亚类,每一亚类可分为若干亚亚类。然后把属于这一亚亚类的酶按顺序排列,这样就把已知的酶分门别类地排列成一个表,每一种酶在这个表中的位置可用一个统一的编号来表示。根据国际酶学委员会的规定,每一个酶的分类编号由4个数字组成,编号之前都冠以EC(表示国际酶学委员会),整个编号包括4个数字中间用黑点分开。其形式为ECX.X.X.X,第一个"X"表示此酶所属的大类,第二个"X"表示大类中的亚类,第三个"X"表示亚类中某一亚亚类,第四个"X"表示该酶在亚亚类中的排号。

所有酶的编码是固定的,例如,乳酸脱氢酶的编号为EC1.1.1.27,编号中的数字按照先后顺序代表的意义如下:

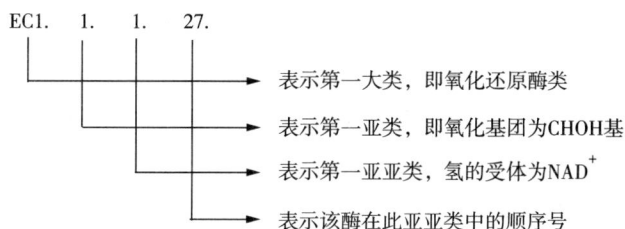

EC1.　1.　1.　27.

→ 表示第一大类,即氧化还原酶类

→ 表示第一亚类,即氧化基团为CHOH基

→ 表示第一亚亚类,氢的受体为NAD^+

→ 表示该酶在此亚亚类中的顺序号

又如谷丙转氨酶的编号为EC2.6.1.2。

酶系统名称要求明确标明酶所作用的底物名称和催化反应的类型。若酶促反应中有两种底物起反应,则两种底物均需标明,并用":"分开。底物的名称必须确切,若有不同构型时,则须注明L-型、D-型及α-型、β-型等(表8-3)。

表8-3　酶的命名法举例

酶催化的反应	习惯命名	系统命名
L-丙氨酸+α-酮戊二酸→丙酮酸+L-谷氨酸	谷丙转氨酶	L-丙氨酸:α-酮戊二酸氨基转移酶
乳酸+NAD^+→丙酮酸+$NADH+H^+$	乳酸脱氢酶	乳酸:NAD^+脱氢酶
ATP+葡萄糖→6-磷酸葡萄糖+ADP	己糖激酶	ATP:己糖磷酸转移酶

第二节　酶分子的结构

一、酶的空间结构

酶分子很大,结构也很复杂,除了某些具有催化活性的RNA外,所的酶都是蛋白质,或者以蛋白质为主要成分。酶像其他蛋白质一样,都是大分子,具有天然蛋白质所具有的性质。酶具有蛋白质所具有的一、二、三级结构,许多酶还具有四级结构或更高级的结构。

酶的催化特性都与酶蛋白本身的结构直接相关,酶蛋白的一级结构决定酶的空间结构,而酶的特定空间构象是其生物学功能的结构基础。酶的活性部位并不是整个酶分子,而只能是有限的部分。

二、酶的活性中心

虽然酶在催化反应中需要有完整的结构,但是并不是整个酶蛋白分子都直接参与,而只是酶蛋白分子中的小部分。酶分子中结合和催化底物反应的区域称为酶的活性中心或活性部位。这些与酶的催化活性直接有关的基团叫作酶的必需基团或活性基团。

酶活性中心有两个功能部位:一个是结合部位,一定的底物依靠此部位结合到酶分子上;另一个是催化部位,底物分子中的敏感键在此扭曲、削弱、断裂而形成新的化学键,从而发生一定的化学反应。这两个功能部位都是酶活性所必需的,并不是各自独立存在的,前者决定酶促反应的专一性,后者决定酶的催化效率。构成这两个部位的有关基团,有的同时兼有结合底物和催化底物发生反应的功能。

酶的活性中心是酶表现催化活性的关键部位,活性中心的空间结构一旦被破坏,酶就丧失催化活性。但是酶的活性中心并不是孤立存在的,它与酶蛋白的空间结构的完整性之间是辩证统一的关系。当外界物理、化学因素破坏了酶的结构时,首先可能影响活性中心的特定结构,结果就必然影响酶活力。而活性中心的形成,要求酶蛋白具有一定的空间结构。在酶的活性中心以外,也存在一些化学基团,虽然不直接参与结合和催化过程,但对于维系酶的空间构象是必需的,称为酶活性中心外的必需基团。因此,酶分子除了活性中心外的其他部分,对于酶的催化来说,可能是次要的,但是绝不是毫无意义的,它们至少为酶活性中心的形成提供了必要的结构基础。

酶的活性中心示意图见图8-1。

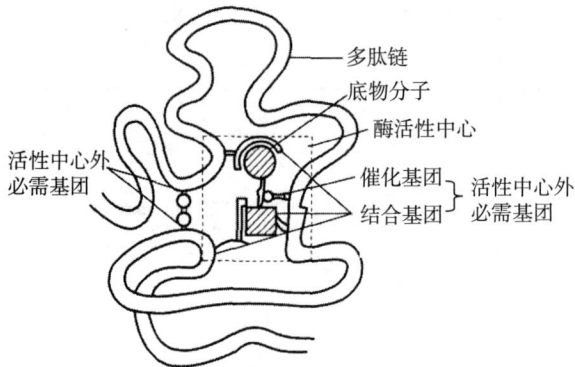

图8-1 酶活性中心示意图

对于不需要辅酶的酶来说,活性中心就是酶分子在三维结构中比较靠近的少数几个氨基酸残基或是这些残基上的某些基团,虽然在一级结构可能相距较远,但可通过肽链的盘绕、折叠在空间上构象相互靠近。对于需要辅酶的酶来说,辅酶分子或辅酶分子上的某一个部位往往就是酶活性中心的组成部分。

常见的必需基团有丝氨酸的羟基、组氨酸的咪唑基、半胱氨酸的巯基、天冬氨酸和谷氨酸的侧链羧基等。这些必需基团可能在同一条肽链上相差很远,或者不在同一条多肽链上,但可通过多肽链的盘绕折叠,使它们在空间位置上比较集中,占据一定的空间部位。

不同酶分子的活性中心的结构是不同的,它只能结合与之相适应的底物,发生一定的化学反应,这也就是酶的催化作用专一性的结构基础。

第三节　酶的生物催化作用

一、酶的催化特点

酶作为生物催化剂,既具有一般催化剂的特点,又有其不同之处。酶具有一般催化剂的特点:

①酶只催化热力学上允许发生的化学反应,也就是说,只能催化本身能够发生的化学反应,不能催化本身不能发生的化学反应。

②极少量就可大幅增加化学反应的速率。

③酶在反应前和反应后本身不发生质量和数量上的变化。

④酶能够加快化学反应的速率,但是不能改变化学反应的平衡点,即不会影响反应的平衡常数。

酶又具有不同于一般催化剂的特性:

1. 酶催化的高效性

酶的催化效率极高,极少量酶就可催化大量物质很快地发生反应。同一反应,酶催化反应的速率比一般非催化的反应速率要高 $10^5 \sim 10^{13}$ 倍。

酶催化效率的高低可用转换数的概念来表示。转换数是指底物浓度足够大时,每分钟每个酶分子能转换底物的分子数,即催化底物发生化学变化的分子数。大部分酶的转换数在 1000 左右,最大的可达 10^6 以上。

2. 酶的高度特异性

和一般催化剂相比,酶对所作用的底物有严格的选择性,也就是说一种酶只能对一类或一种物质作用,这种特性叫作酶的特异性或专一性。如催化蛋白质水解的酶不能催化脂肪或糖类水解,而催化糖类水解的酶也不能催化脂肪或蛋白质水解。

酶催化的特异性是酶作用最显著的特征之一。通常一种酶只能催化一种或一类物质发生化学反应,生成特定的产物。根据各种酶对底物选择性的严格程度不同,可将酶的特异性分成绝对特异性、相对特异性和立体异构特异性。

(1)绝对特异性

有的酶对底物的选择性是极严格的。一种酶只能作用于特定的底物,发生特定反应,对其他任何物质(包括底物的衍生物)这种酶都不能起催化作用,这种特异性称为绝对特异性。具有绝对特异性的酶在催化某种物质的一个化学键时,不仅对键的性质有着严格的要求,而且对这个键两端基团也有着严格的要求。

（2）相对特异性

有的酶对底物的特异性程度相对较低,能作用于和底物结构类似的一系列化合物,即作用的对象不只是一种底物,这类酶的特异性称为相对特异性。相对特异性又分为基团特异性和键的特异性。

①基团特异性。有的酶只对底物的某一化学键和该化学键旁的某一侧的基团有要求,至于该化学键旁的另一侧的基团并不做要求,这种特异性叫作基团特异性。这一类酶与绝对特异性的酶比较起来要求的范围大得多,所以能够作用于一类化合物。

例如,α-D-葡萄糖苷酶作用于α-糖苷键,并且要求α-糖苷键的一端必须是葡萄糖残基,而对键的另一端 R 基团则要求不严。因此,它既可以催化麦芽糖水解,也催化蔗糖水解,但不能催化纤维二糖水解。

②键的特异性。键的特异性是指酶只对底物分子中所作用的键严格要求,而对键两端的基团并无严格要求。这类酶对底物的结构的要求最低。

例如,酯酶催化酯键的水解,可水解任何酸和醇类所形成的酯,而对酯键两端的"—R""—R'"基团要求不严,只是对不同的酯类来说,水解的速度是不同的。

（3）立体异构特异性

有些酶只催化一种立体异构体发生某种化学反应,而对另一种异构体则不起作用。酶对立体异构体的选择性称为立体异构特异性。立体异构特异性又分为旋光异构特异性和几何异构特异性。

①旋光异构特异性。当底物具有旋光异构体时,酶只能作用于其中的一种,而对其他底物则完全无作用。这种对于旋光异构体底物的高度特异性称为旋光异构特异性。

例如,乳酸脱氢酶只催化 L-乳酸脱氢生成丙酮酸,而对 D-乳酸则不起作用。

②几何异构特异性。有的酶只能选择性催化某种几何异构体底物的反应,而对另一种构型则无催化作用。这种对于几何异构体底物的严格的选择性称为几何异构特异性。

例如,延胡索酸酶只能催化反丁烯二酸（延胡索酸）水解生成苹果酸,而对顺丁烯二酸（马来酸）则不起作用。

3.酶催化的反应条件温和

酶来源于生物细胞,一般酶的催化反应都是在生物体温的温度、常压和接近中性的酸碱度等较为温和的条件下进行。因此,酶作为工业催化剂时,不用耐高温、高压的设备,也不需要耐酸、碱的容器,生产安全、快速,有利于改善劳动条件,也有利于环境保护。

4.酶的催化活性受机体的调节和控制

酶是细胞产生的,酶活性易受各种环境条件的影响。生物体内进行的化学反应,虽然种类繁多,但非常协调有序。底物浓度、产物浓度以及环境条件的改变,都有可能影响酶催化活性,从而控制生化反应协调有序地进行。任何一个生化反应的错乱与失调,必将使生物体产生疾病,严重时甚至死亡。生物体为适应环境的变化,保持正常的生命活动,在漫长的进化过程中,形成了自动调控酶活性的系统。酶的调控方式很多,包括抑制剂调节、反馈调节、共价修饰调节、酶原激活及激素控制等。

总之,酶催化的高效性、特异性以及温和的作用条件使酶在生物体新陈代谢中发挥了强有力的作用。酶活性的调控使生命活动中的各个反应得以有条不紊地进行。

二、酶催化反应的机理

1. 酶的催化作用与活化能

酶对于生物体内的各种生物化学反应具有高效催化作用,其主要原因在于酶能大幅度降低反应的活化能,从而使反应易于进行。

在化学反应中,反应分子相互碰撞,只有那些含能量达到或超过一定限度的分子才能反应,这些分子称为活化分子。活化分子比一般分子多含的能量称为活化能。活化能指一般分子成为能参加化学反应的活化分子所需要的能量。在一个化学反应体系中,并不是所有的反应物分子都能发生反应。要使化学反应迅速进行,就应想方设法地增加活化分子。增加活化分子的途径有两条:第一,外加能量,对进行中的化学反应加热或者光照,增加底物分子的能量,从而达到增加活化分子的目的。第二,降低反应活化能,使本来不具备活化水平的分子成为活化分子,从而增加了反应的活化分子数目。催化剂就是起了降低活化能,增加活化分子的作用。例如过氧化氢的分解,当无催化剂时,每摩尔的活化能为75.3 kJ,而过氧化氢酶存在时,每摩尔的活化能仅为8.36 kJ,反应速率可提高1亿倍。酶作为生物催化剂,降低了反应的活化能,且比无机催化剂降低活化能的幅度大许多倍。活化能越低,活化分子的数目越多,反应进行越快(图8-2)。

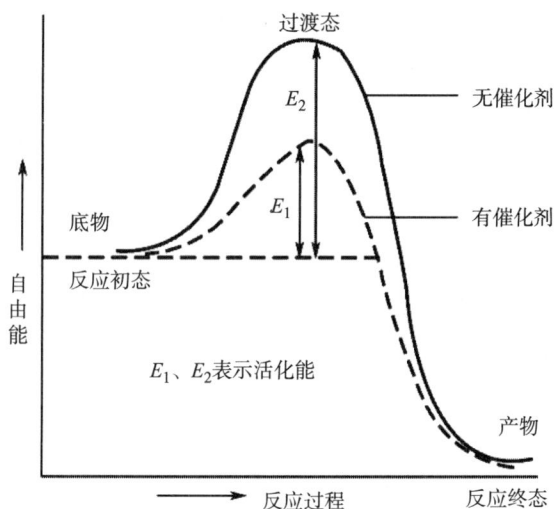

图8-2　催化剂对化学反应的影响

2. 中间产物学说

1913年,米契里斯和曼吞首先提出的中间产物学说解释了酶使反应的活化能降低并体现出极为强大催化效率的原因。其基本理论是:首先酶(E)与底物(S)结合形成一个不稳定的中间产物 ES(也称为中间配合物),然后中间产物 ES 再分解为产物(P),同时酶重新游离出来。

$$E+S \rightleftharpoons ES \rightarrow E+P$$

中间产物学说的关键,在于中间产物的形成。酶和底物可以通过共价键、氢键、离子键和配位键等结合成中间产物。根据中间产物学说,酶促反应分两步进行,而每一步的能阈都较低,所需的活化能较少。

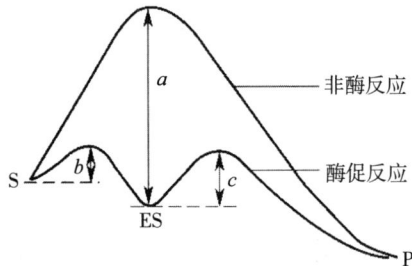

图 8-3　酶促反应和非酶促反应的活化能

从图 8-3 中可以看出,非催化反应时,反应 S→P 所需的活化能为 a,而在酶的催化下,由 S+E→ES 需要的活化能为 b,由 ES→P 需要的活化能为 c。b 和 c 均比 a 小得多,所以酶促反应比非酶催化反应所需的活化能少,从而加快了反应的进行。

3. "锁—钥"学说

为解释酶催化作用的专一性,1894 年 Emil Fischer 提出了"锁—钥"学说,该学说认为酶活性部位的结构像是一把"锁",而专一的底物分子是"钥",酶活性部位的结构在空间上是与专一性底物的结构是完全互补的,见图 8-4(a)。"锁—钥"学说的提出,曾对生物化学的发展产生过很大的影响。但是,酶的结构不是刚性的,具有相当的柔性;此外,酶(E)与底物(S)结合形成的 ES 复合物也并不是完全互补的,完全互补是于催化无效的。

4. "诱导—契合"学说

D. Koshland 提出底物与酶的结合是一种相互作用的观点。在酶和底物之间的动态识别过程中,酶活性部位的形态在底物结合时被改变,即"诱导契合"。底物的结合改变了酶蛋白的构象,以便酶蛋白和底物彼此更准确地"契合",见图 8-4(b)。

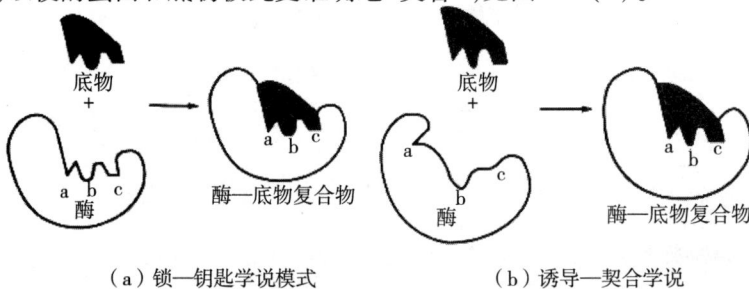

（a）锁—钥匙学说模式　　　　　（b）诱导—契合学说

图 8-4　酶和底物结合模式

酶活性中心的结构有一定的灵活性。在和底物接触之前,二者并不是完全契合的。底物与酶蛋白分子结合产生了相互诱导,酶蛋白分子的立体结构发生改变,反应所需的催化部位和结合部位正确地排列和定向,转入有效的作用位置,使酶和底物完全契合,酶促反应才能高速度地进行。诱导—契合学说比较圆满地解释了酶的作用方式,并得到某些酶(如羧肽酶、溶菌酶)的 X 射线衍射分析结果的支持。

5. 酶原的激活

在生物体内有些酶刚合成时,是一种较大分子的无催化活性的前体形式,它可通过一个或多个肽键的不可逆水解而转变为有活性的酶。这种不具催化活性的酶称为酶原,从不具活性的酶原转变为有活性的酶的过程,称为酶原活化过程或激活过程。酶原激活是通过去掉酶分子中的部分肽段,引起酶分子空间结构的变化,从而形成或暴露出酶的活性中心,转变成为具有活性的酶的过程。

如胰蛋白酶刚从胰脏细胞里分泌出来时,呈不具活性的胰蛋白酶原,随着食物一起流到小肠后,酶原就被小肠黏膜所分泌的肠激酶作用,水解掉一个 6 肽,使肽链螺旋度增加,组氨酸、丝氨酸、缬氨酸、异亮氨酸等残基互相靠近,形成新的活性中心。于是无活性的胰蛋白酶原就变成了有催化活性的胰蛋白酶。酶原激活过程如图 8-5 所示。

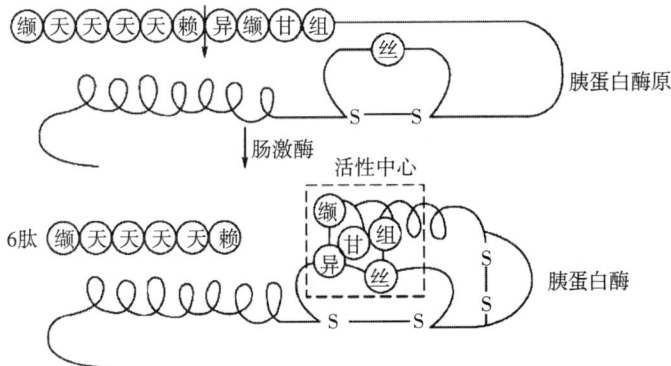

图 8-5 胰蛋白酶原激活过程示意图

食物进入胃里,刺激胃酸分泌,无活性的胃蛋白酶原受到 H^+ 的催化作用,从氨基末端切去六段多肽,变成具有催化活性的胃蛋白酶,这样形成的胃蛋白酶也可再去自身激活。

在生物组织细胞中,刚合成的某些酶以酶原的形式存在,具有重要的生物学意义。因为分泌酶原的组织细胞含有蛋白质,而酶原无催化活性,因此可以保护组织细胞不被水解破坏。

三、影响酶催化作用的因素——酶促反应动力学

酶反应是在一定条件下进行的,受多种因素的影响。研究酶反应速率的规律以及各种因素对它的影响,不仅可以阐明酶促反应本身的性质,了解生物体内正常的和异常的新陈

代谢,还可以在体外寻找最有利的反应条件来最大限度地发挥酶促反应的高效性。

1. 酶促反应速率与活力单位

(1)酶促反应速率的测定

酶促反应速率用单位时间内底物浓度的减少量或产物的生成量来表示。通常底物量足够大,其减少量很少,而产物由无到有,变化较明显,测定起来较灵敏,所以以多用产物浓度的增加作为酶促反应速率的量度。酶促反应的速率与反应进行的时间有关。以产物生成量(P)为纵坐标,以时间(t)为横坐标作图,可以得到酶反应过程曲线图(图8-6)

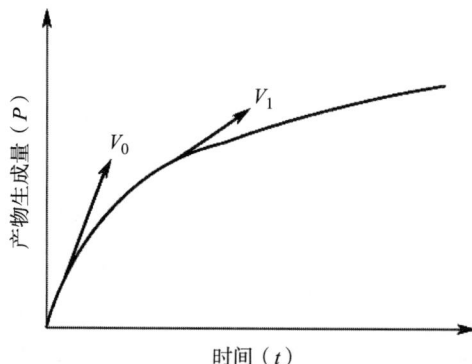

图8-6　酶反应速率曲线

从图中可以看出,在反应初期,产物增加得比较快,酶促反应的速率(V_0)近似为一个常数。随着时间的延长,酶促反应的速率(V_t)便逐渐减弱(即曲线斜率下降)。原因是随着反应的进行,底物浓度减少,产物浓度增加,加速反应逆向进行;产物浓度增加会对酶产生反馈抑制;另外酶促反应系统中 pH 及温度等微环境变化会使部分酶变性失活。因此,为了准确表示酶活力,要以初速率表示,酶反应的初速率越大,意味着酶的催化活力越大。

(2)酶活力

酶活力指酶催化一定化学反应的能力,通常用最适条件下酶所催化的化学反应速率来衡量。国际酶学委员会规定,在25℃、最适 pH、最适底物浓度下,1 min 内催化 1 μmol 底物转化的酶量为一个酶活力单位,即国际单位(IU)。酶的比活力是指 1 mg 酶蛋白所具有的酶活力单位数。比活力越大,表示酶越纯。

$$比活力 = \frac{活力单位数(IU)}{酶蛋白(mg)}$$

酶的化学本质是蛋白质,对环境条件非常敏感。如果环境条件不适合,酶的催化能力就大大受到限制,甚至连酶分子本身也会遭到破坏。只有在适合的条件下,酶才能发挥最大的催化活性。影响酶促反应速率的因素很多,主要有酶浓度、底物浓度、pH、温度、激活剂和抑制剂等。

2.影响酶催化作用的因素

（1）酶浓度对酶促反应速率的影响

在酶促反应中,当底物浓度足够过量,其他条件固定,在反应系统中不含有抑制酶活性的物质,以及无其他不利于酶发挥作用的因素时,酶促反应的速率随着酶浓度的增大而增大,且成正比关系(图8-7)。

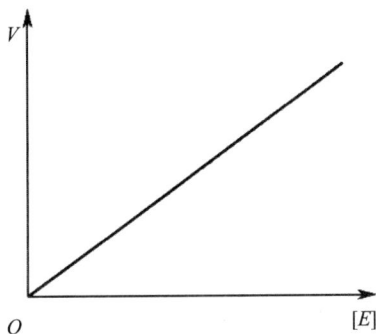

图 8-7　酶浓度对酶促反应速率的影响

这是因为底物浓度已经大大超过酶浓度,这时增大酶浓度,可以生成更多的中间产物,从而使反应速率加快。

（2）底物浓度对酶促反应速率的影响

在简单的酶反应中,当酶浓度、温度、pH 等恒定条件下,酶促反应速率(V)与底物浓度$[S]$的关系,如图 8-8 中曲线所示。从图中可以看出,当底物的浓度很低时,反应速率随底物浓度增加而升高,曲线几乎呈直线,V 与$[S]$呈正比关系(OA 段)。随着底物浓度的继续增加,虽然酶促反应速率仍随底物浓度的增加而不断地加大,但呈逐渐减弱趋势(AB 段)。当底物的浓度增加到足够大的时候,V 值便达到一个极限值,此后,V 不再受底物浓度的影响(BC 段)。V 的极限值称为酶的最大反应速率,以 $V_{\max}$ 表示。

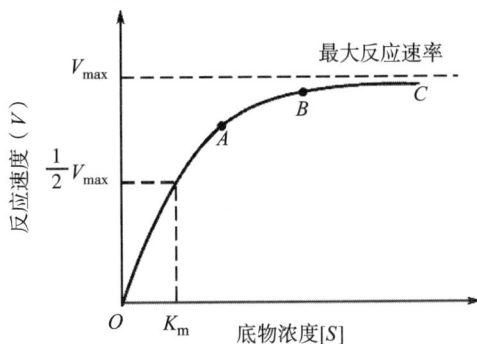

图 8-8　底物浓度对酶促反应速率的影响

V—$[S]$的变化关系,可用中间产物学说进行解释。在底物浓度较低时,只有一部分酶能与底物作用生成中间产物,溶液中还有多余的酶没有与底物结合。因此,随着底物浓度增加,就会有更多的酶与底物结合生成中间产物,中间产物浓度大,底物的生成速率就加快,整个酶促反应速率也就增大。但是当底物浓度足够大时,所有的酶都与底物结合生成中间产物,体系中已经没有游离态的酶了,再增加底物的浓度也不会再有更多的中间产物形成,酶促反应速率与底物浓度几乎无关,反应达到最大反应速率。酶的活性中心都被底物分子结合时的底物浓度称为饱和浓度。各种酶都表现出这种饱和效应,但不同的酶产生饱和效应时所需要底物浓度是不同的。

①米氏方程式。

反应中底物浓度和反应速率关系的数学表达式,称为米氏方程式。

$$V = \frac{V_{max}[S]}{K_m + [S]}$$

式中,V 为酶反应速率;K_m 称为米氏常数;V_{max} 为最大反应速率;$[S]$ 为底物浓度。

在底物浓度低时,$K_m \gg [S]$,米氏方程式中分母中 $[S]$ 一项可忽略不计。得:

$$V = \frac{V_{max}}{K_m}[S]$$

即反应速率与底物浓度成正比。

在底物浓度很高时,$[S] \gg K_m$,米氏方程式中,K_m 项可忽略不计,得:

$$V = V_{max}$$

即反应速率与底物浓度无关。

当酶促反应处于 $V = \frac{1}{2}V_{max}$ 时,得到:

$$\frac{V_{max}}{2} = \frac{V_{max}[S]}{K_m + [S]}$$

计算可以得到:

$$[S] = K_m$$

由此得出 K_m 值的物理意义,即:K_m 值是当酶促反应速率达到最大反应速率一半时的底物浓度,它的单位是 mol/L,与底物浓度的单位一样。

②米氏常数的意义。

K_m 值是酶的特征常数之一。K_m 一般只与酶的性质有关,与酶浓度无关。

K_m 可表示酶对底物的亲和力。$\frac{1}{K_m}$ 越大,表明酶与底物亲和力越大。$\frac{1}{K_m}$ 越大,K_m 就越小,达到最大反应速率一半所需要的底物浓度就越小。K_m 值小的底物一般称为该酶的最适底物或天然底物。

K_m 值与米氏方程的实际用途在使用酶制剂时,可由所要求的反应速率(应到达 V_{max} 的百分数),求出应当加入底物的合理浓度,反过来,也可以根据已知的底物浓度,求出该条件下的反应速率。

（3）pH 对酶促反应速率的影响

每种酶只能在一定 pH 范围内有活性,在此范围内,随着 pH 的升高,酶反应速度增加直到最大,然后酶反应速率随 pH 继续升高又降低。酶促反应具有最大速率,高于或低于此值,反应速率下降。通常把酶表现最大活力时的 pH 称为酶反应的最适 pH(见图 8-9)。一般制作 V—pH 变化曲线时,采用使酶全部饱和的底物浓度,在此条件下再测定不同 pH 时的酶促反应速率。

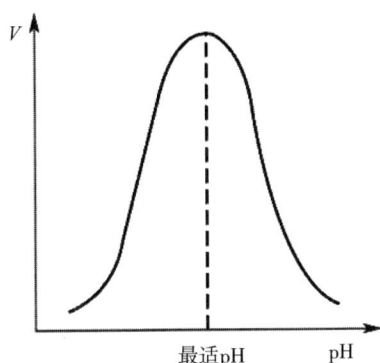

图 8-9　pH 对酶促反应速率的影响

各种酶在一定条件下,都有一定的最适 pH,因此,最适 pH 是酶的特征之一。不同酶的最适 pH 不相同。大多数酶的最适 pH 在 4.0~8.0,动物体内酶的最适 pH 一般在 6.5~8.0。植物和微生物体内的酶最适 pH 一般在 4.5~6.5。但也有例外,如胃蛋白酶的最适 pH 为 1.5,精氨酸酶(肝脏中)的最适 pH 为 9.7。

酶的最适 pH 不是一个固定常数,它受酶的纯度、缓冲溶液的种类和浓度以及底物的种类和浓度等多种因素的影响。

（4）温度对酶促反应速率的影响

温度 T 对酶作用的影响可用图 8-10 表示。从图上曲线可以看出,在较低的温度范围内,酶反应速率随温度升高而增大,但超过一定温度后,反应速率反而下降。因此只有在某一温度下,反应速率才会达到最大值,这个温度通常称为酶反应的最适温度。故最适温度就是在一定条件下酶促反应速率最大时的温度。各种酶在一定条件下都有其最适温度。一般来讲,动物细胞内的酶最适温度在 35~40℃;植物细胞中的酶最适温度稍高,通常在40~50℃;微生物中的酶最适温度差别较大。

最适温度是酶的特征之一,但不是固定不变的常数,常受到其他条件(如底物种类、作用时间、pH 等)的影响而改变,如最适温度随着与酶作用时间的长短而改变。因此,在酶反应时间已经确定了的情况下,才有最适温度。在实际应用中,将根据酶促反应作用时间长短,选定不同的最适温度。如果反应时间短,则酶促反应作用的反应温度可高;若反应进行的时间长,则酶促反应作用的反应温度低。

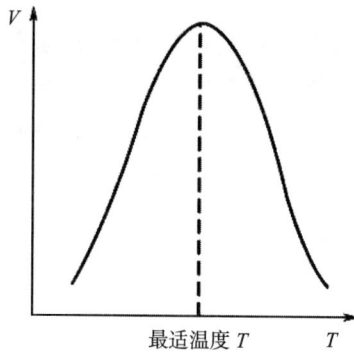

图 8-10　温度对酶促反应速率的影响

除了要考虑最适温度外,酶在使用中还应注意酶的稳定温度范围。某些酶的稳定温度可以因加入某些保护剂而提高。酶的固体状态对温度的耐受力比在溶液中要高,这一点已应用于酶的保藏。而且在对酶的分离、纯化和保存过程中,一般都需充分考虑酶的稳定温度范围。

在食品生产中,常利用温度对酶作用的影响进行食品保藏。例如,巴氏消毒、煮沸消毒、高压蒸汽灭菌、烹饪加工中蔬菜的焯水处理等就是利用高温使食品或原料内的不希望存在的酶或微生物中的酶受热变性失活。食品冷藏也是利用降低温度进而降低食品本身和微生物中酶的活性,达到防止食品腐败的目的。

(5)激活剂对酶促反应速率的影响

在酶促反应中,能提高酶活性的物质称为酶的激活剂。激活剂对酶促反应速率的影响主要通过酶的激活或酶原的激活来实现。激活剂按分子大小分为 3 类。

①无机离子。无机离子的主要作用是稳定酶的空间结构,参与酶活性中心的形成,在酶和底物之间架起桥梁,从而提高酶的活性。许多金属离子都可以作为酶的激活剂,如 K^+、Na^+、Ca^{2+}、Mg^{2+}、Fe^{3+}、Cu^{2+} 等。一些阴离子也可以做酶的激活剂,如 Cl^- 对唾液淀粉酶有激活作用。但在一般浓度下,阴离子对酶的激活作用不明显。

②小分子有机化合物。小分子有机化合物可分为两种:一种是某些还原剂,能使酶分子中二硫键还原成巯基而被激活,从而提高酶活性,如半胱氨酸、还原型谷胱甘肽、抗坏血酸等。另一种是金属螯合剂,能除去酶中金属离子(重金属杂质),从而解除重金属对酶的抑制作用,如 EDTA(乙二胺四乙酸)等。

③生物大分子激活剂。这类激活剂主要作用就是激活酶原。

(6)抑制剂对酶促反应速率的影响

某些物质与酶结合能够引起酶活性中心化学性质改变而导致酶活性降低,甚至丧失,这种作用叫抑制作用,能引起抑制作用的物质叫作抑制剂(I)。

酶的抑制剂多种多样,如重金属离子(Ag^+、Hg^{2+}、Cu^{2+})、一氧化碳、硫化氢、氰化物、碘乙酸、砷化物、氟化物、生物碱、染料、有机磷农药以及麻醉剂等都是抑制剂。另外某些动物组织

(如胰脏、肺)和某些植物(如大麦、燕麦、大豆、蚕豆、绿豆等)都能产生蛋白酶的抑制剂。

抑制剂破坏或改变了酶的活性中心,妨碍了中间产物的形成或分解,降低了酶的活性。药物、抗生素、毒物、抗代谢物等都是酶的抑制剂。一些动物、植物组织和微生物能产生多种水解酶抑制剂,如加工处理不当,会影响其食用的安全性和营养价值。

抑制作用分为可逆抑制作用与不可逆抑制作用两大类。

①不可逆抑制作用。抑制剂以共价键与酶的必需基团结合,使酶的活性降低或丧失。丧失活性的酶不能用透析、过滤等物理方法解除。不可逆抑制剂的种类很多,常见的有一氧化碳、氰化物、有机磷杀虫剂、有机汞化合物、有机砷化合物、重金属离子等剧毒物质。

②可逆抑制作用。抑制剂以非共价键与酶分子的必需基团相结合,从而抑制酶的活性,用透析等物理方法可以除去抑制剂,使酶活性得到恢复,这种抑制作用叫作可逆性抑制作用,这种抑制剂叫作可逆性抑制剂。可逆性抑制作用又可分为竞争性抑制和非竞争性抑制两类。

竞争性抑制剂具有与底物相似的结构,它能与底物竞争,与酶的活性中心结合,形成可逆的酶、抑制剂复合物 EI,因而减少了底物与酶的结合,导致酶的催化活性降低。这种抑制可用加入大量底物,提高底物竞争力的办法来消除。由于抑制是可逆的,抑制程度取决于底物与酶的亲和力及抑制剂与底物的浓度比。

竞争性抑制作用可表示为:

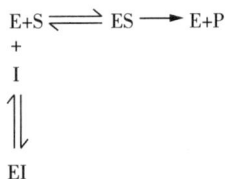

$$E+S \rightleftharpoons ES \longrightarrow E+P$$
$$+$$
$$I$$
$$\rightleftharpoons$$
$$EI$$

非竞争性抑制剂与底物没有结构相似的关系,抑制剂和底物可以同时在酶的不同部位与酶结合,二者没有竞争关系,抑制剂先与酶结合并不影响酶再与底物结合,底物和酶先结合也不影响抑制剂与酶的结合,最终都形成酶—底物—抑制剂(ESI)三元复合物,但这种复合物不能进一步形成产物,因而造成酶的活性降低。由于抑制剂不与底物竞争酶的活性中心,故叫作非竞争性抑制作用,这种抑制剂叫作非竞争性抑制剂。

非竞争性抑制作用可表示为:

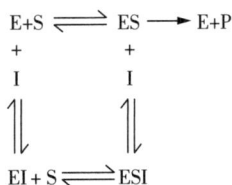

$$E+S \rightleftharpoons ES \longrightarrow E+P$$
$$+ \qquad +$$
$$I \qquad I$$
$$\rightleftharpoons \qquad \rightleftharpoons$$
$$EI+S \rightleftharpoons ESI$$

竞争性抑制和非竞争性抑制示意图见图 8-11。

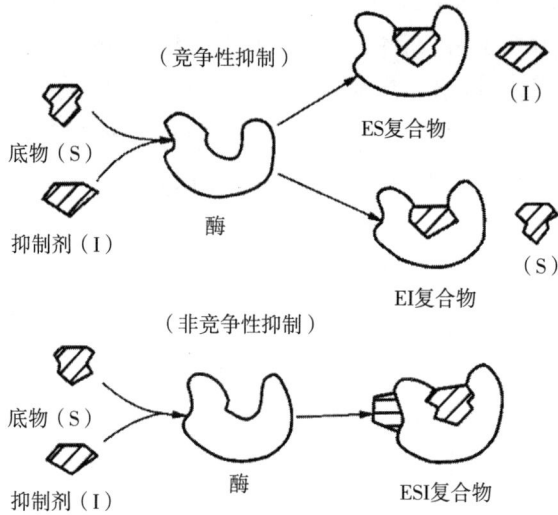

图 8-11　竞争性抑制和非竞争性抑制

第四节　食品中重要的酶类

酶在食品工业中应用广泛。在食品生产过程中,酶的主要作用是增进与改善食品原料的结构,提高营养价值,还可以澄清饮料、除去杂色、防止褐变、提高食品感官质量及分解食品原料中的某些异味物质,改善食品的风味等。与食品工业中关系密切的一些酶简单介绍如下。

一、水解酶类

水解酶是催化底物发生水解反应的酶类,有苷键水解酶、酯水解酶和肽键水解酶三类。它们在食品工业中应用都很广泛。

1. 淀粉酶

淀粉酶是指能够催化淀粉水解的酶,其主要作用部位是 α-1,4-糖苷键,部分淀粉酶可作用于 α-1,6-糖苷键。在食品加工中主要用于淀粉的液化和糖化、酿造、发酵制葡萄糖,也用于面包工业以改进面包质量。

（1）α-淀粉酶

α-淀粉酶广泛存在于胰液、麦芽、唾液及微生物中,属内切酶。它水解淀粉分子内部的 α-1,4-糖苷键,但不能切开 α-1,6-糖苷键。淀粉经过此酶作用后,水解成短链的糊精分子,使淀粉液的黏度迅速下降,流动性增强,产物对碘的呈色消失,这种作用称为"液化"。因此 α-淀粉酶也叫"液化酶"。

不同来源的 α-淀粉酶有不同最适温度和最适 pH。最适温度一般为 55~70℃,但一些细菌淀粉酶的最适温度可达到90℃。最适 pH 一般为 4.5~7.0。

（2）β-淀粉酶

β-淀粉酶作用于淀粉链的非还原端,是一种外切酶。β-淀粉酶只能水解 α-1,4-糖苷键,不能切开 α-1,6-糖苷键。由于每次产生两个葡萄糖分子,产物是麦芽糖,从而可增加淀粉溶液的甜味。β-淀粉酶对淀粉的不完全降解最多只能水解产生 50%~60% 麦芽糖,剩余的部分称为极限糊精。β-淀粉酶水解淀粉的模式见图8-12。

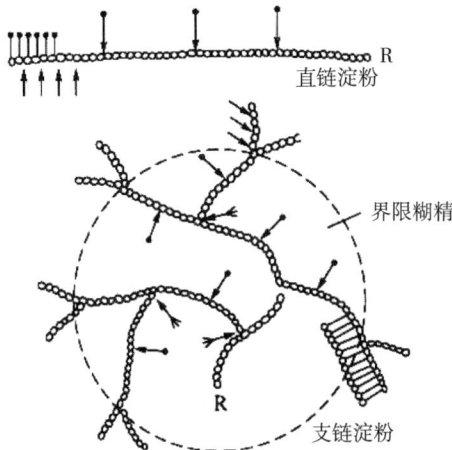

图8-12　淀粉酶的作用模式

。—葡萄糖基；R—还原性末端；●——→—α-淀粉酶；
——→—β-淀粉酶；●——葡萄糖淀粉酶；⇥——异淀粉酶

β-淀粉酶比 α-淀粉酶的热稳定性差,主要用于面包、发酵馒头、啤酒等工业,也常用于制造麦芽糖等。

（3）葡萄糖淀粉酶

葡萄糖淀粉酶从非还原端开始水解 α-1,4-糖苷键,也可水解支链淀粉 α-1,6-糖苷键,对直链和支链淀粉均逐次切下一个葡萄糖单位。水解到分支点的时候,速度减慢,但可以使 α-1,6-糖苷键水解。因此,葡萄糖淀粉酶无论作用于直链淀粉还是支链淀粉,都能将淀粉分子全部水解为葡萄糖。工业上用葡萄糖淀粉酶来生产葡萄糖,习惯上称为糖化酶。

葡萄糖淀粉酶广泛用于各种酒的生产,可增加出酒率,节约粮食,降低成本,也用于葡萄糖及果葡糖浆的制造。

（4）异淀粉酶

异淀粉酶又称淀粉-1,6-糊精酶、脱支酶、R-淀粉酶。该酶只作用于 α-1,6-糖苷键,能专一性切开支链淀粉和糖原分支点的 α-1,6-糖苷键,从而剪下整个侧链,形成长短不一的直链淀粉。当异淀粉酶和其他淀粉酶共同作用时,可将支链淀粉完全降解生成麦芽糖和葡萄糖。异淀粉酶存在于马铃薯、酵母、某些细菌和霉菌中,生产上用此酶制造饴糖。

2. 纤维素酶

纤维素酶主要作用于 $\beta-1,4-$糖苷键,是由一类能分解纤维素生成纤维二糖和葡萄糖的酶的总称。

纤维素酶分成 3 种类型:

①C_1 酶。C_1 酶是一种外切酶,是纤维素酶系的主要成分,在天然纤维素降解中起主导作用,能作用于结晶纤维素。

②C_x 酶。C_x 酶不能作用于结晶纤维素,能水解溶解的纤维素衍生物或膨胀和部分降解的纤维素,并有内切和外切两种类型。

③$\beta-$葡萄糖苷酶。$\beta-$葡萄糖苷酶水解纤维二糖和短链的纤维寡糖生成葡萄糖,还能作用于所有由葡萄糖组成以 $\beta-$糖苷键联结而成的二糖。

三种酶的作用顺序如下:

$$天然纤维素 \xrightarrow{C_1酶} 游离直链纤维素 \xrightarrow{C_x酶} 纤维二糖 \xrightarrow{\beta-葡萄糖苷酶} 葡萄糖$$

C_1 酶、C_x 酶和 $\beta-$葡萄糖苷酶都是糖蛋白,最适温度为 50℃,最适 pH 为 4~5。在一定条件下,它们协同作用,把纤维素最终水解为葡萄糖。

植物性农副产品是食品工业的主要原料,原料细胞壁含有较多的纤维素,恰当地利用纤维素酶处理,可改善食品品质,简化食品加工工艺。因而纤维素酶在果汁生产、香料生产、果蔬生产、种子蛋白利用、酱油生、酿酒工业等方面广泛应用。

3. 脂肪酶

脂肪酶是一种糖蛋白,能逐步水解脂肪分子中的酯键而生成甘油和脂肪酸。脂肪酶最适温度为 30~40℃,最适 pH 偏碱性。脂肪酶只能催化乳化状态的脂肪水解,任何一种促进脂肪乳化的措施,都可增强脂肪酶的活力。

脂肪酶主要用于催化油脂的水解和改善油脂的性质。在奶酪、奶油加工中,添加脂肪酶可将乳脂分解释放出风味前体和风味化合物,改善产品风味。但含脂食品如牛奶、奶油、干果等发生水解酸败,产生不良风味,也来自于脂肪酶的水解。

4. 蛋白酶

能作用于蛋白质或多肽的肽键,使之发生水解反应的酶称为蛋白酶。蛋白酶是食品工业中重要的一类酶,主要用于肉类的嫩化,啤酒的澄清,乳酪、酱油、面包及蛋白质水解物的制造等。

根据蛋白酶作用于蛋白质肽键的位置,可将蛋白酶分为内肽酶和外肽酶两类。内肽酶从肽链内部水解肽键,最后主要得到较小的多肽碎片。外肽酶则是从肽链的某一端开始水解肽键。外肽酶又可以分为两类,一类是从肽链的氨基末端开始水解肽键,称为氨肽酶;另一类是从肽链的羧基末端开始水解肽键,称为羧肽酶。

根据来源,蛋白酶可分为植物蛋白酶、动物蛋白酶和微生物蛋白酶。

(1)植物蛋白酶

在食品工业中应用的植物蛋白酶主要有木瓜蛋白酶、菠萝蛋白酶和无花果蛋白酶。这几种酶都为内肽酶，且都属于巯基蛋白酶，对底物的特异性都较宽。

这几种植物蛋白酶在食品工业上主要用于肉的嫩化和啤酒的澄清。木瓜蛋白酶除应用于食品工业外，还更多地用于医药上作助消化剂。

（2）动物蛋白酶

在人和哺乳动物的消化器官中存在各种蛋白酶，如胃蛋白酶、胰蛋白酶、胰凝乳蛋白酶、氨肽酶、羧肽酶等。其中胃蛋白酶、胰蛋白酶、胰凝乳蛋白酶都是由其前体——酶原激活而成。在体内这些酶能够有效地协同作用，先由几种内肽酶将蛋白质切成许多碎片，再在外肽酶、二肽酶作用下将其进一步水解成氨基酸。这几种动物蛋白酶在食品工业中应用较少。

在犊牛的第四胃中能分泌凝乳蛋白酶原，也是内肽酶，在 pH 为 5.0 时可被原来的凝乳蛋白酶激活，凝乳蛋白酶在 pH 为 5.3~6.3 时最稳定，主要用于奶酪的制造。

此外，在动物体各组织细胞的溶酶体中，存在着一种组织蛋白酶。当动物死亡后，随着机体降解和组织破坏，组织蛋白酶被释放出来并被激活，将肌肉蛋白质水解成游离氨基酸，产生的游离氨基酸是形成肉的风味的基础之一。但从活细胞提取和分离组织蛋白酶很困难，因此也限制了组织蛋白酶的应用。

动物蛋白酶来源少，价格昂贵，所以在食品工业中应用较少。

（3）微生物蛋白酶

细菌、酵母菌、霉菌等微生物中都含有多种蛋白酶，是生产蛋白酶制剂的重要来源。生产用于食品中的微生物蛋白酶的菌种目前主要限于枯草杆菌、黑曲霉和米曲霉等。

微生物蛋白酶广泛地应用于在食品工业中：通常用于薄脆饼干的制造；用于啤酒酿造以节约麦芽用量；用于发酵工业的原料处理。如酱油酿造中添加微生物蛋白酶使原料得到充分利用而增加产量；在肉类的嫩化，尤其是牛肉的嫩化上运用微生物蛋白酶可代替价格较贵的木瓜蛋白酶；在面包制造中添加微生物蛋白酶可改善面包质量。

5. 果胶酯酶

果胶酯酶又称为果胶酶、果胶甲酯酶、果胶氧化酶，为将果胶的甲氧酯水解产生果胶酸和甲醇反应的酶，其主要作用是降解果胶物质。果胶酶根据其作用底物的不同，可分为果胶酯酶、聚半乳糖醛酸酶和果胶裂解酶。

（1）果胶酯酶

果胶酯酶存在于霉菌、细菌和植物中，通常与聚半乳糖醛酸酶共存。果胶酯酶催化果胶脱去甲酯基，生成聚半乳糖醛酸链和甲醇。甲醇及其氧化生成的甲醛和甲酸，对人体皆有毒性，尤其是视神经对甲醇的毒性最为敏感。

不同来源的果胶酯酶的最适 pH 不同。在葡萄酒、苹果酒等果酒的酿造中，由于果胶酯酶的作用，可能会引起酒中甲醇的含量超标。因此，对于果酒的酿造，应先对水果进行预热处理，使果胶酯酶失活以控制酒中甲醇的含量。

（2）聚半乳糖醛酸酶

聚半乳糖醛酸酶是能水解果胶和果胶酸中 α-1,4-糖苷键的一类酶,存在于多种水果、霉菌及酵母菌中。大多数聚半乳糖醛酸酶最适 pH 为 4.5~6.0。

（3）果胶裂解酶

果胶裂解酶通过 C_4 和 C_5 位上的氢原子进行反式消去作用,使糖苷键断裂,生成含不饱和键的半乳糖醛酸。

生产上使用的果胶酶主要来自霉菌,它们往往是几种果胶酶,特别是果胶酯酶和半乳糖醛酸酶的混合物。在果汁加工工艺过程中,添加果胶酶制剂可提高出汁率,加速果汁澄清,使成品果汁具有较好的稳定性;在果酒制备过程中使用果胶酶制剂,不仅酒易于压榨、澄清和过滤,而且酒的收率和成品酒的稳定性均有提高。此外,果胶酶还可用于橘子脱囊衣、莲子去内皮、大蒜去内膜、麻料脱胶等生产中。

二、氧化还原酶类

1. 酚氧化酶（酚酶）

酚氧化酶是指在氧分子存在下,能把酚类氧化成邻苯醌或对-苯醌的酶。该酶以铜为辅基,以氧为受氢体,是一种末端氧化酶。该酶以一元酚或二元酚为底物,如儿茶素、花色素、绿原酸、咖啡酸和黄酮醇等,将底物氧化成不稳定的醌,进而聚合产生棕黑色素。新切开的苹果、土豆、芹菜、芦笋的表面,以及新榨出的葡萄汁等水果汁的褐变反应均由此酶作用所致。这种褐变影响食品外观。多酚酶在茶叶生长与加工过程中对茶叶品种和品质,也起着极为重要的作用。

在食品加工中,可采取加热、用酚酶的抑制剂二氧化硫或亚硫酸钠处理、调节 pH 等措施使酶失活或活性降低来解决酶促褐变。

2. 葡萄糖氧化酶

葡萄糖氧化酶是一种需氧脱氢酶,每一个酶分子中含有两上 FAD。葡萄糖氧化酶具有很高的专一性,它使葡萄糖氧化成 δ-D-葡萄糖酸内酯。在食品加工和生产生化材料时,葡萄糖氧化酶用作检测葡萄糖的试剂等。在罐装食品中,可用此法除去食品和容器中的氧,防止食品的变质。工业上使用的葡萄糖氧化酶主要来源于金黄色青霉和点青霉,该酶最适温度 30~50℃,最适 pH 为 4.8~6.2。

3. 过氧化氢酶

过氧化氢酶（CAT）是一种含铁的结合酶,催化 $2H_2O_2 \rightarrow 2H_2O + O_2$ 反应,在麸皮、大豆及牛乳中均含有。过氧化氢酶主要用于去除乳和蛋白低温消毒后残余的过氧化氢,除去葡萄糖氧化酶作用而产生的过氧化氢,也可作为测定粮食食品质量的一项指标。过氧化氢酶也被用于食品包装,防止食物被氧化。

4.过氧化物酶

过氧化物酶存在于植物组织、乳及白细胞中,具有较高的耐热性,可用作灭菌处理的有效指示剂。它能导致维生素 C 的氧化降解,催化不饱和脂肪酸的非酶促过氧化降解,从而使食品营养与风味发生变化。此外,过氧化物酶还能在一定条件下漂白色素,从而破坏食品的颜色。

5.抗坏血酸氧化酶

抗坏血酸氧化酶是一种含铜盐,存在于谷物、南瓜、丝瓜等种子以及柑橘等水果中,能引起酶促褐变。加工中应尽量采取使之失活的措施,以保护抗坏血酸免受损失,提高食品质量。

三、固定化酶

酶的固定化技术是 20 世纪 60 年代发展起来的一种新的应用技术。通常酶促反应是将酶溶于溶液中进行的,但水溶性酶稳定性差,反应后即使还有活力也无法回收,耗酶量大却不能连续操作,又因为酶制品带入的杂质,影响产品质量。酶的固定是将分离纯化得到的水溶性酶,用物理或化学方法处理,使酶与一个惰性载体连接起来或者将酶包裹起来做成一种不溶于水的酶。这样的酶在固相状态下作用于底物,故称水不溶酶或固定化酶或固相酶。

固定化酶不仅仍具有酶催化特性,而且对酸碱、温度、变性剂、抑制剂的稳定性有明显增加,并易与反应物分离,可反复多次使用,提高酶的使用率。如将固相酶装入柱中,可使反应连续化、自动化和管道化,简化操作步骤。由于能充分洗涤,去掉可溶性杂质,使产物质量大幅提高。

酶的固定化方法有吸附法、共价键法、交联法和包埋法等。

固定化酶与水溶性的游离酶相比有许多优越性:它的稳定性大大增强;酶可重复利用,酶反应后的产物易分离;可装管(柱)便于规模化生产的管道化、自动化、连续化。因此,固定化酶是当前酶工程的主干,应用范围越来越广。至今已有多种固定化酶获得工业规模的应用:如固定化葡萄糖异构酶生产果葡糖浆,固定化微生物细胞生产 L-天冬氨酸和 L-苹果酸,固定化乳糖酶生产低乳糖牛奶,固定化青霉素酰化酶生产 6-氨基青霉烷酸等。

随着固定化技术的发展,作为固定化的对象不一定是酶,也可以是微生物细胞或细胞器,这些固定化物可统称固定化生物催化剂。近年来,后来居上的固定化细胞技术发展更为迅速,在实际应用方面已大大超过固定化酶。在工业应用方面,利用固定化酵母细胞发酵生产酒精、啤酒的研究较引人注目,也已投入生产。

【实验实训】

实验实训八　酶的特性实验

一、实验目的

通过本实验了解温度、pH 对酶活力的影响;酶的激活剂及抑制剂对酶的作用;酶的专
一性。加深对酶的性质的认识。

二、实验原理

淀粉和可溶性淀粉遇碘呈蓝色。糊精按其分子的大小,遇碘可呈蓝色、紫色、暗褐色或
红色。最简单的糊精遇碘不呈颜色,麦芽糖遇碘也不呈色。在不同温度下,淀粉被唾液淀
粉酶水解的程度可由水解混合物遇碘呈现的颜色来判断。

1. 温度对酶活力的影响

酶的催化作用受温度的影响。在最适温度下,酶的反应速度最高。大多数动物酶的最
适温度为 37~40℃,植物酶的最适温度为 50~60℃。

酶对温度的稳定性与其存在形式有关。有些酶的干燥制剂虽加热到 100℃,其活性并
无明显改变,但在 100℃ 的溶液中却很快地完全失去活性。低温能降低或抑制酶的活性,但
不能使酶失活。

2. pH 对酶活性的影响

酶的活力受环境 pH 的影响极为显著,不同酶的最适 pH 值不同。本实验观察 pH 对唾
液淀粉酶活性的影响,唾液淀粉酶的最适 pH 约为 6.8。

3. 激活剂与抑制剂对唾液淀粉酶活性的影响

酶的活性受活化剂或抑制剂的影响。氯离子为唾液淀粉酶的活化剂,铜离子为其抑
制剂。

4. 酶的专一性

酶具有高度的专一性。淀粉和蔗糖无还原性,唾液淀粉酶水解淀粉生成有还原性的麦
芽糖,但不能催化蔗糖的水解。蔗糖酶能催化蔗糖水解产生还原性葡萄糖和果糖,但不能
催化淀粉的水解。用 Benedict 试剂可检查糖的还原性。

三、仪器与设备

试管及试管架、恒温水浴锅、刻度吸管、滴管、50 mL 锥形瓶。

四、试剂和材料

①溶于 0.3%氯化钠的 0.5%淀粉溶液(新鲜配制)。

②新鲜唾液稀释液(自己制备):取唾液 1 mL(不包含泡沫),用蒸馏水稀释至 100 mL,脱脂棉过滤备用。唾液稀释倍数因人而异。

③碘化钾—碘溶液:将碘化钾 20 g 及碘 10 g 溶于 100 mL 水中。使用前稀释 10 倍。

④0.1 mol/L 柠檬酸溶液。

⑤0.2 mol/L 磷酸氢二钠溶液。

⑥1%氯化钠溶液。

⑦1%硫酸铜溶液。

⑧1%硫酸钠溶液。

⑨pH 试剂:pH=5、pH=5.8、pH=6.8、pH=8 四种。

⑩0.1%淀粉溶液。

⑪2%蔗糖溶液。

⑫溶于 0.3%氯化钠的 1%淀粉溶液(需新鲜配制)。

⑬蔗糖酶溶液:取干酵母 100 g 置于研钵内,添加适量蒸馏水及少量细沙,用力研磨提取约 1 h,再加蒸馏水使总体积约为原体积的 10 倍。离心后,将上清液保存于冰箱中备用。

⑭Benedict 试剂:无水硫酸铜 17.4 g 溶于 100 mL 热水中,冷却后稀释至 150 mL;取柠檬酸钠 173 g,无水碳酸钠 100 g 和 600 mL 水共热,溶解后冷却并加水至 850 mL。再将冷却的 150 mL 硫酸铜溶液倾入。试剂可长久保存。

五、操作步骤

1.温度对酶活性的影响

取 3 支试管,编号后按下表加入试剂:

管号	1	2	3
淀粉溶液/mL	1.5	1.5	1.5
稀释唾液/mL	1	1	—
煮沸过的稀释唾液/mL	—	—	1

将试管摇匀后,将 1、3 号两试管放入 37℃恒温水浴中,2 号试管放入冰水中。10 min 后取出(将 2 号管内液体分为两半),用碘化钾—碘溶液来检验 1、2、3 号管内淀粉被唾液淀粉酶水解的程度,记录并解释结果。将 2 号管剩下的一半溶液放入 37℃水浴中继续保温 10 min 后,再用碘液实验,结果如何?

2.pH 对酶活性的影响

取 4 个标有号码的 50 mL 锥形瓶,用吸管按下表添加 0.2 mol/L 磷酸氢二钠溶液和 0.1 mol/L 柠檬酸溶液以制备 pH 分别为 5.0、5.8、6.8、8.0 的 4 种缓冲液。

锥形瓶号码	0.2 mol/L 磷酸氢二钠/mL	0.1 mol/L 柠檬酸/mL	pH
1	5.15	4.85	5.0
2	6.05	3.95	5.8
3	7.72	2.28	6.8
4	9.72	0.28	8.0

从 4 个锥形瓶中各取缓冲液 3 mL,分别注入 4 支带有号码的试管中,随后向每个试管中添加 0.5% 淀粉溶液 2 mL 和稀释 200 倍的唾液 2 mL。向各试管中加入稀释唾液的时间间隔各为 1 min。将各试管中物质混匀,并依次置于 37℃ 恒温水浴中保温。

向第 4 管加入唾液 2 min 后,每隔 1 min 由第 3 管取出一滴混合液,置于白瓷板上,加 1 滴碘化钾—碘溶液,检验淀粉的水解程度。待混合液变为棕黄色时,向所有试管依次添加 1~2 滴碘化钾—碘溶液。添加碘化钾—碘溶液的时间间隔,从第 1 管起,亦均为 1 min。

观察各试管中物质呈现的颜色,分析 pH 对唾液淀粉酶活性的影响。

3. 激活剂与抑制剂对唾液淀粉酶的影响

取 4 支试管按下表操作。

管号	1	2	3	4
1% 淀粉溶液/mL	1.5	1.5	1.5	1.5
稀释唾液/mL	0.5	0.5	0.5	0.5
1% 硫酸铜溶液/mL	0.5	—	—	—
1% 氯化钠溶液/mL	—	0.5	—	—
1% 硫酸钠溶液/mL	—	—	0.5	—
蒸馏水/mL	—	—	—	0.5
37℃ 恒温水浴,保温 10 min				
碘化钾—碘溶液/mL	2~3	2~3	2~3	2~3
现象				

注 保温时间可以根据各人唾液淀粉酶活力调整

4. 酶的专一性实验

(1)淀粉酶的专一性按下表操作

管号	1	2	3	4	5	6
1% 淀粉溶液/滴	4	—	4	—	4	—
2% 蔗糖溶液/滴	—	4	—	4	—	4
蔗糖酶溶液/mL	—	—	1	1	—	—

管号	1	2	3	4	5	6
煮沸过的蔗糖酶溶液/mL	—	—	—	—	1	1
蒸馏水/mL	1	1	—	—	—	—
37℃恒温水浴15 min						
Benedict 试剂/mL	1	1	1	1	1	1
沸水浴2~3 min						
现象						

解释实验结果(提示:唾液除含淀粉酶外还含有少量麦芽糖酶)。

(2)蔗糖酶的专一性

取6支干净的试管,编号后,按下表操作。

管号	1	2	3	4	5	6
1%淀粉溶液/滴	4	—	4	—	4	—
2%蔗糖溶液/滴	—	4	—	4	—	4
蔗糖酶溶液/mL	—	—	1	1	—	—
煮沸过的蔗糖酶溶液/mL	—	—	—	—	1	1
蒸馏水/mL	1	1	—	—	—	—
37℃恒温水浴15 min						
Benedict 试剂/mL	1	1	1	1	1	1
沸水浴2~3 min						
现象						

六、实验结果总结

1.温度对酶活力的影响

管号	呈现的颜色	解释结果
1		
2		
2号剩一半		
3		

2. pH 对酶活力的影响

管号	呈现的颜色	解释结果
1		
2		
3		
4		

3. 唾液淀粉酶活化和抑制

管号	呈现的颜色	解释结果	第 3 管的意义
1			
2			
3			
4			

4. 酶的专一性

（1）淀粉酶的专一性

管号	现象	解释结果
1		
2		
3		
4		
5		
6		

（2）蔗糖酶的专一性

管号	现象	解释结果
1		
2		
3		
4		
5		
6		

实验实训九　淀粉酶活力的测定

一、实验目的

1. 了解测定淀粉酶(包括 α-淀粉酶和 β-淀粉酶)活力的原理
2. 掌握测定淀粉酶(包括 α-淀粉酶和 β-淀粉酶)活力的方法

二、实验原理

淀粉酶主要包括 α-淀粉酶和 β-淀粉酶两种。α-淀粉酶可随机地作用于淀粉中的 α-1,4-糖苷键,生成葡萄糖、麦芽糖、麦芽三糖、糊精等还原糖。β-淀粉酶可从淀粉的非还原性末端进行水解,每次水解下一分子麦芽糖。淀粉酶催化产生的还原糖能使 3,5-二硝基水杨酸还原,生成棕红色的 3-氨基-5-硝基水杨酸,其反应如下:

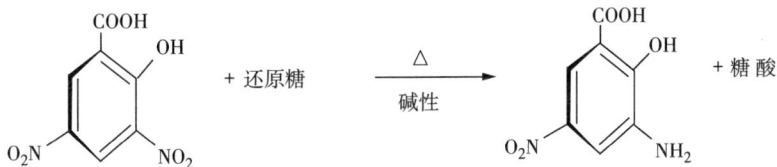

淀粉酶活力的大小与产生的还原糖的量成正比。用标准浓度的麦芽糖溶液制作标准曲线,用比色法测定淀粉酶作用于淀粉后生成的还原糖的量,以单位重量样品在一定时间内生成的麦芽糖的量表示酶活力。

萌发后的禾谷类种子的淀粉酶活力最强。α-淀粉酶不耐酸,在 pH 3.6 以下迅速钝化。β-淀粉酶不耐热,在 70℃ 15 min 钝化。根据它们的这种特性,在测定活力时钝化其中之一,就可测出另一种淀粉酶的活力。本实验采用加热的方法钝化 β-淀粉酶,测出 α-淀粉酶的活力。在非钝化条件下测定淀粉酶总活力(α-淀粉酶活力+β-淀粉酶活力),再减去 α-淀粉酶的活力,就可求出 β-淀粉酶的活力。

三、仪器

电子天平、研钵、100 mL 容量瓶、25 mL 具塞刻度试管、试管、1 mL 吸管、2 mL 吸管、5 mL 吸管、离心机、离心管、恒温水浴锅、分光光度计。

四、试剂与材料

①1%淀粉溶液。
②0.4 mol/L 氢氧化钠。
③pH 5.6 柠檬酸缓冲液:称取柠檬酸 20.01 g,溶解后定容至 1000 mL,为 A 液;称取柠

檬酸钠 29.41 g,溶解后定容至 1000 mL,为 B 液。取 A 液 13.7 mL 与 B 液 26.3 mL 混匀,即为 pH 5.6 柠檬酸缓冲液。

④3,5-二硝基水杨酸:精确称取 1 g 3,5-二硝基水杨酸溶于 20 mL 1 mol/L 氢氧化钠中,加入 50 mL 蒸馏水,再加入 30 g 酒石酸钾钠,待溶解后用蒸馏水稀释至 100 mL,盖紧瓶塞,防止 CO_2 进入。

⑤麦芽糖标准液(1 mg/mL):称取 0.10 g 麦芽糖,溶于少量蒸馏水,定容至 100 mL。

⑥材料:萌发 3 d 的小麦芽。

五、操作步骤

1. 酶液提取

称取 2 g 萌发 3 d 的小麦种子(芽长 1 cm 左右),置研钵中加少量石英砂和 2 mL 左右蒸馏水,研磨成匀浆。将混合物无损地转入 100 mL 容量瓶中,用蒸馏水定容至 100 mL,每隔数分钟振荡 1 次,提取 20 min。然后溶液在 3000 r/min 条件下离心 10 min,取上清液备用。

2. α-淀粉酶活力测定

取试管 4 支,标明 2 支为对照管,2 支为测定管,按下表操作。

管号	测试管		对照管	
	1	2	3	4
酶液/mL	1	1	1	1
(70±0.5)℃恒温水浴,保温 15 min,取出后迅速用流水冷却				
0.4 mol/L 氢氧化钠/mL	—	—	4	4
pH 5.6 的柠檬酸缓冲液/mL	1	1	1	1
(40±0.5)℃恒温水浴,保温 15 min				
40℃ 1% 淀粉溶液/mL	2	2	2	2
40℃恒温水浴,保温 5 min				
0.4 mol/L 氢氧化钠/mL	4	4	4	4
现象				

3. 淀粉酶总活力测定

取酶液 5 mL,加入蒸馏水至 100 mL 为稀释酶液。另取 4 支试管编号,2 支为对照,2 支为测定管,按下表操作。

管号	测试管		对照管	
	1	2	3	4
稀释酶液/mL	1	1	1	1
0.4 mol/L 氢氧化钠/mL	—	—	4	4
pH 5.6 的柠檬酸缓冲液/mL	1	1	1	1
（40±0.5）℃恒温水浴，保温 15 min				
40℃ 1%淀粉溶液/mL	2	2	2	2
40℃恒温水浴，保温 5 min				
0.4 mol/L 氢氧化钠/mL	4	4	4	4
现象				

4.麦芽糖的测定

①标准曲线的制作取 25 mL 刻度试管 7 支，编号。按下表操作。

管号	1	2	3	4	5	6	7
1 mg/mL 麦芽糖标准液/mL	0	0.2	0.6	1.0	1.4	1.8	2.0
加蒸馏水使溶液达 2.0 mL							
3,5-二硝基水杨酸/mL	2	2	2	2	2	2	2
沸水浴 5 min,冷却							
定容,混匀							

溶液混匀后用分光光度计在 520 nm 波长下进行比色，记录吸光度。以吸光度为纵坐标，以麦芽糖含量（mg）为横坐标，绘制标准曲线。

②样品的测定取步骤 2,3 中酶作用后的各管溶液 2 mL，分别放入相应的 8 支 25 mL 具塞刻度试管中，各加入 2 mL 3,5-二硝基水杨酸试剂。以下操作同标准曲线制作。根据样品比色吸光度，从标准曲线查出麦芽糖含量，最后进行结果计算。

六、结果处理

$$\alpha\text{-淀粉酶活力（mg 麦芽糖/g 鲜重 5 min）} = \frac{(A-A_0)V_T}{WV_u}$$

$$\text{淀粉酶总活力（mg 麦芽糖/g 鲜重 5 min）} = \frac{(B-B_0)V_T}{WV_u}$$

式中：A——α-淀粉酶水解淀粉生成的麦芽糖，mg;

$\quad\quad A_0$——α-淀粉酶的对照管中麦芽糖量，mg;

$\quad\quad B$——$(\alpha+\beta)$淀粉酶共同水解淀粉生成的麦芽糖，mg;

B_0——（α+β）淀粉酶的对照管中麦芽糖，mg；

V_T——样品稀释总体积，mL；

V_u——比色时所用样品液体积，mL；

W——样品重，g。

七、注意事项

①酶反应时间应准确计算。

②试剂加入按规定顺序进行。

【思考与练习】

一、名词解释

酶、底物、酶的特异性、辅酶、全酶、酶的活性中心、酶的激活剂、酶原、竞争性抑制

二、填空题

1. 根据酶的特异性程度不同，酶的特异性可以分为_____和_____。脲酶只作用于尿素，而不作用于其他任何底物，因此它具有_____特异性。

2. 根据国际系统分类法，所有的酶按所催化的化学反应的性质可分为_____和_____六类。

3. 全酶由_____和_____组成，在催化反应时，二者所起的作用不同，其中_____决定酶的特异性，起传递电子、原子或化学基团的作用。

4. 辅助因子包括_____和_____。其中_____与酶蛋白结合紧密，_____与酶蛋白结合疏松。

5. 影响酶促反应速率的因素有_____和_____。

6. 使酶表现最大活力时的温度称_____。使酶表现最大活力时的 pH 称_____。

三、选择题

1. 国际酶学委员会将酶分为（　　　）。

A. 七大类 　　　　　　　　　　B. 八大类

C. 六大类 　　　　　　　　　　D. 五大类

2. 酶在催化反应中决定特异性的部分是（　　　）。

A. 酶蛋白 　　　　　　　　　　B. 辅基或辅酶

C. 金属离子 　　　　　　　　　D. 底物

3. 酶的活性中心是指（　　　）。

A. 酶分子上含有必需基团的肽段

B. 酶分子与底物结合的部位

C. 酶分子与辅酶结合的部位

D. 酶分子发挥催化作用的关键性结构区

4. 酶催化作用对能量的影响在于( )。

A. 增加产物的能量水平   B. 降低活化能

C. 降低及应物的能量水平   D. 增加活化能

5. 在酶浓度不变的条件下,以反应速率对底物浓度作图,其图像为( )。

A. 直线   B. 钟罩形曲线

C. 矩形双曲线   D. 抛物线

6. 温度对酶活性的影响是( )。

A. 低温可以使酶失活

B. 催化的反应速率随温度升高而升高

C. 最适温度是酶的特征性常数

D. 最适温度随反应的时间而有所改变

7. 竞争性抑制剂的作用特点是( )。

A. 与酶的底物竞争激活剂

B. 与酶的底物竞争酶的活性中心

C. 与酶的底物竞争酶的辅基

D. 与酶的底物竞争酶的必需基团

8. 对可逆性抑制剂的描述,正确的是( )。

A. 是使酶变性失活的抑制剂

B. 抑制剂与酶是以共价键结合

C. 抑制剂与酶是以非共价键结合

D. 抑制剂与酶结合后用透析等物理方法不能解除抑制

四、判断题(在题后括号内打√或×)

1. 酶是生物催化剂。( )

2. 辅酶与酶蛋白的结合不紧密,可以用透析的方法除去。( )

3. 一个酶作用于多种底物时,其最适底物的 K_m 值应该是最小。( )

4. 酶反应的专一性和高效性取决于酶蛋白本身。( )

5. 酶的最适温度是酶的一个特征性常数。( )

6. 竞争性抑制剂在结构上与酶的底物相类似。( )

7. 酶浓度不变时,酶反应速度与底物浓度成直线关系。( )

8. 酶的竞争性抑制可用增加底物浓度解决。( )

9. 反应速度与酶浓度成正比。( )

10. 酶的米氏常数越小,对底物的亲和力越大。( )

五、问答题

1. 简述酶作为生物催化剂与一般化学催化剂的共性及其个性。

2. 什么是全酶?在酶促反应中酶蛋白与辅助因子分别起什么作用?

3. 什么是酶原、酶原激活？活性中心是怎样形成的？试述酶原激活的生物学意义。

4. 何谓酶的专一性？酶的专一性有哪几类？

5. 米氏常数是什么？它有何意义及应用？

6. 作用于淀粉的酶有几种？它们各具有哪些作用特点？

7. 食品工业中常用的蛋白酶有哪些？各有什么作用？

8. 食品工业中常用的果胶酶有哪些？其作用特点分别是什么？

第九章　物质代谢

学习目标

1. 明确生物氧化的概念、特点和方式。

2. 了解生物氧化过程中 CO_2、H_2O 和 ATP 的生成过程。

3. 掌握糖的酵解(无氧氧化)、有氧氧化、磷酸戊糖途径的基本反应过程。

4. 了解甘油和脂肪酸分解代谢过程。

5. 掌握氨基酸的一般(合成与分解)代谢过程,了解蛋白质的生物合成过程。

6. 了解物质代谢途径之间的相互关系。

7. 了解动物屠宰后组织代谢特点,水果蔬菜采收后组织代谢特点及成熟过程。

新陈代谢是生物体的最基本的特征之一。所谓新陈代谢是指生物体一方面不断从周围环境中摄取物质和能量,通过一系列生化反应,转变为机体的组成成分,同时贮存能量;另一方面,将原有的组成成分经过一系列的生化反应,分解为代谢产物排出体外,不断进行自我更新,在这些反应中同时伴随着能量的变化的过程。新陈代谢是生物与外界环境进行物质交换与能量交换的过程,它包括生物体内所发生的一切合成和分解作用。其中合成代谢是一个吸能反应,分解代谢是放能反应。

生物体内绝大多数代谢反应是在温和的条件下由酶催化完成的。代谢反应虽然繁多,但有条不紊又彼此相互配合,而且生物体对内外环境条件有高度的适应性和灵敏的自动调节能力。

第一节　生物氧化

生物体需要不断消耗能量以维持复杂的生命运动。物质在生物体内的氧化分解过程称生物氧化,即被生物体摄取到体内的糖、脂肪、蛋白质等食物中的营养成分进行氧化分解,最终转变成二氧化碳和水,并释放能量。因这个过程是在生物体细胞内进行的,所以又叫细胞呼吸。

生物氧化过程中产生的二氧化碳和水绝大部分被排出体外,释放的能量有相当一部分转变成高能键形式贮存起来以供生命活动所需,另一部分用来维持生物体的体温或者排出体外。

一、生物氧化的特点

虽然生物体内氧化还原的本质及氧化过程中释放的能量与体外非生物氧化完全相同,

但生物氧化有其自身的特点。

生物氧化在细胞内进行,是在体温和近于中性 pH 的水环境中进行的,是在一系列酶、辅酶和中间传递体的作用下逐步进行的,每一步都放出一部分的能量,逐步释放能量的总和与同一氧化反应在体外进行时相同。这样就不会因氧化过程中能量骤然释放而损害机体,同时使释放的能量得到有效的利用。生物氧化过程所释放的能量通常都先贮存在一些特殊的高能化合物中如 ATP 等,后通过这些物质的转移作用,以满足机体各种需能反应的需要。

生物氧化所产生的二氧化碳和水不是底物分子中的碳和氢直接与来自空气中的氧化合而成的,而是在一系列酶的作用下经过复杂的生物化学反应所形成的,所以生物氧化有它独特的方式。

二、生物氧化过程中二氧化碳的生成

生物氧化过程中所产生的二氧化碳是体内代谢的中间产物有机酸脱羧的结果。脱羧反应形成二氧化碳的方式有下面两类。

1. 单纯脱羧

有些脱羧反应不伴随氧化而是直接由脱羧酶催化脱羧形成二氧化碳,称单纯脱羧。如:

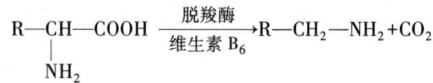

$$R-\underset{\underset{NH_2}{|}}{CH}-COOH \xrightarrow[\text{维生素 } B_6]{\text{脱羧酶}} R-CH_2-NH_2+CO_2$$

2. 氧化脱羧

有些脱羧反应伴随氧化,称氧化脱羧。如:

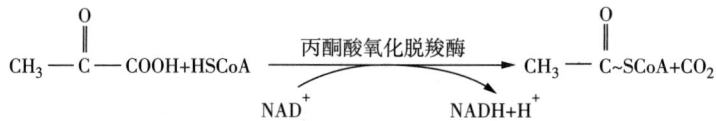

$$CH_3-\overset{\overset{O}{\|}}{C}-COOH+HSCoA \xrightarrow[\underset{NAD^+}{\quad}\ \underset{NADH+H^+}{\quad}]{\text{丙酮酸氧化脱羧酶}} CH_3-\overset{\overset{O}{\|}}{C}\sim SCoA+CO_2$$

三、生物氧化过程中水的生成

生物氧化作用主要是通过脱氢反应来实现的。脱氢是氧化的一种方式,生物氧化中所生成的水是代谢物脱下的氢和吸入的氧结合而成的。糖类、脂肪、氨基酸等代谢物所含的氢在一般情况下是不活泼的,必须通过相应的脱氢酶将之激活后才能脱落。进入体内的氧也必须经过氧化酶激活后才能变为活性很高的氧化剂。但激活的氧通常不能直接与激活的氢结合,两者之间需传递体才能结合生成水。生物体主要依靠呼吸链将活化的氢传递给氧,促进水的生成。

不同生物体生物氧化过程中水的生成比二氧化碳的生成要复杂得多,它是通过脱氢酶、传递体、末端氧化酶等构成的呼吸链进行的。即代谢物上的氢原子被脱氢酶激活脱落后，经过一系列的传递体，最后传递给被激活的氧分子而生成水的全部体系称呼吸链。此体系通常也称电子传递体系或电子传递链。在具有线粒体的生物中，典型的呼吸链有两种，即 NAD 呼吸链和 FAD 呼吸链(图 9-1)，这是根据接受代谢物上脱下的氢的初始受体不同区分的。

在 NAD 呼吸链中，生物体内代谢底物在相应脱氢酶的催化下脱氢、脱电子(2H+2e)并交给 NAD^+ 生成 $NADH+H^+$。在 $NADH+H^+$ 脱氢酶作用下，NADH 中的 1 个 H 和 e 以及介质中的 H^+ 又传给黄素酶的辅基 FMN 生成 $FMNH_2$，再由 $FMNH_2$ 将 2 个 H 传递给 CoQ 生成 $CoQH_2$，此时的 $CoQH_2$ 中 2 个 H 不再往下传递而是分解成 2 个 H^+ 和 2 个 e，质子(H^+)游离于介质中，电子则通过一系列电子传递体传递给氧，使氧生成离子氧(O^{2-})。这时存在于介质中的 2 个 H^+ 就会与 O^{2-} 结合生成 H_2O。

另一条呼吸链是 FAD 呼吸链，与 NAD 链所不同的是底物脱下的氢和电子直接交 FAD 传递。

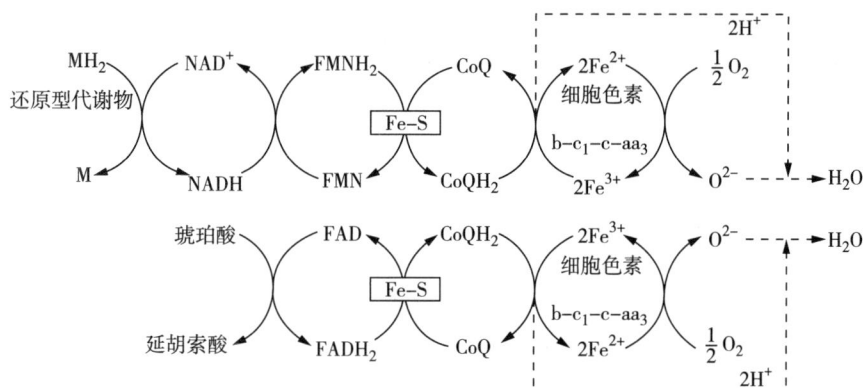

图 9-1　NAD 呼吸链和 FAD 呼吸链

NAD 呼吸链应用最广，糖类、脂肪、蛋白质三大物质分解代谢中的脱氢氧化反应，绝大部分是通过 NAD 呼吸链来完成的。FAD 呼吸链中的黄酶只能催化某些代谢物脱氢，不能催化 NADH 或 NADPH 脱氢。

四、ATP 的生成

在生物氧化过程中，代谢底物释放的能量有可能发生磷酸化而形成高能化合物，即高能磷酸化合物，它是生命活动的直接能源。在生物体内有多种高能磷酸化合物，如三磷酸腺苷(ATP)、三磷酸鸟苷(GTP)、三磷酸胞苷(CTP)、三磷酸尿苷(UTP)以及 1,3-二磷酸甘油醛、磷酸肌酸、乙酰辅酶 A 等。其中生命活动应用最多的直接能源是 ATP。

ATP 在生物体内主要通过两种方式生成，即底物水平磷酸化和氧化磷酸化。

1. 底物水平磷酸化

生物体内的代谢底物，在氧化过程中分子内部能量重新分布而产生高能磷酸化合物的过程，称为底物水平磷酸化。即底物被氧化的过程中，形成某些高能磷酸化合物，通过酶的作用使 ADP 生成 ATP。

$$X \sim P + ADP \rightarrow ATP + X$$

式中，X~P 代表底物在氧化过程中所形成的高能磷酸化合物。

一般通过底物水平磷酸化生成生命活动所需的高能化合物的量很少。底物磷酸化与氧的存在与否无关系。

2. 氧化磷酸化

氧化磷酸化又称呼吸链磷酸化或电子传递磷酸化，是指代谢底物被氧化释放的电子通过呼吸链中的一系列传递体传到氧并伴有 ATP 产生的过程。这种方式是产生 ATP 的主要形式，是生物体内能量转移的主要环节。这个过程正常进行时，只要有 ADP 与 Pi 存在，就有 ATP 生成。

参与生物氧化的酶类包括脱氢酶、氧化酶和传递体等。这些酶主要存在于线粒体中，所以生物氧化主要在线粒体中进行。

第二节　糖类的代谢

糖类是有机体重要的能源和碳源。糖分解产生能量，供给有机体生命活动的需要，糖代谢的中间产物又可以转变成其他的含碳有机化合物如氨基酸、脂肪酸、核苷等。糖代谢可以分成糖的分解代谢与糖的合成代谢两个方面。

一、糖的分解代谢

糖的分解代谢是生物体获取能量的主要方式，生物体可在不同的条件下采用不同的分解途径氧化分解葡萄糖获取能量。主要途径有四条：

①在无氧条件下，葡萄糖（糖原）经酵解途径生成乳酸或乙醇。

②有氧条件下进行的有氧氧化。葡萄糖（糖原）经三羧酸循环彻底氧化为水和二氧化碳。

③生成磷酸戊糖的磷酸戊糖途径。

④生成葡萄糖醛酸的糖醛酸代谢。

（一）无氧分解

无氧分解过程可分为两个阶段：第一阶段葡萄糖先分解为丙酮酸的糖酵解途径（EMP 途径）；第二阶段丙酮酸还原为乳酸。糖酵解的全部反应在胞质中进行。

1. 无氧分解的过程

（1）糖酵解途径（EMP 途径）

①葡萄糖的磷酸化。进入细胞内的葡萄糖首先被磷酸化生成 6-磷酸葡萄糖（G-6-P）。

磷酸根由 ATP 提供,这一过程活化了葡萄糖,使进入细胞的葡萄糖不再逸出细胞。催化此反应的酶是己糖激酶(HK),反应需要消耗能量 ATP。

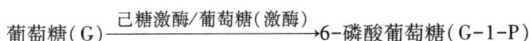

$$葡萄糖(G) \xrightarrow{己糖激酶/葡萄糖(激酶)} 6\text{-}磷酸葡萄糖(G\text{-}1\text{-}P)$$

此反应不可逆,是糖酵解的第一个限速反应。

所谓限速反应,是指在某一代谢过程中的一系列反应中,反应速率很慢,以至于影响整条代谢途径的总速率的反应。限速反应所代表的代谢步骤称为整个代谢过程的限速步骤,催化此限速步骤的酶称为限速酶。

②6-磷酸葡萄糖的异构反应。由磷酸己糖异构酶催化6-磷酸葡萄糖转变为6-磷酸果糖(F-6-P)的过程。此反应可逆。

$$6\text{-}磷酸葡萄糖 \xleftrightarrow{磷酸己糖异构酶} 6\text{-}磷酸果糖(F\text{-}6\text{-}P)$$

③6-磷酸果糖的磷酸化。此反应是 6-磷酸果糖进一步磷酸化生成 1,6-二磷酸果糖,磷酸根由 ATP 供给,催化此反应的酶是磷酸果糖激酶-1(PFK-1)。

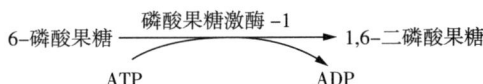

$$6\text{-}磷酸果糖 \xrightarrow[ATP \quad ADP]{磷酸果糖激酶\text{-}1} 1,6\text{-}二磷酸果糖$$

此反应不可逆,是糖酵解的第二个限速反应。至此,一分子葡萄糖通过 2 次磷酸化,消耗 2 个 ATP,形成 1,6-二磷酸果糖。

1,6-二磷酸果糖在催化作用下裂解并形成 2 个 3-磷酸甘油醛。

④1,6-二磷酸果糖裂解反应。醛缩酶催化 1,6-二磷酸果糖生成磷酸二羟丙酮和 3-磷酸甘油醛。此反应可逆。

$$1,6\text{-}二磷酸果糖 \xleftrightarrow{醛缩酶} 磷酸二羟丙酮+3\text{-}磷酸甘油醛$$

⑤磷酸二羟丙酮的异构反应。磷酸丙糖异构酶催化磷酸二羟丙酮转变为 3-磷酸甘油醛。此反应可逆。

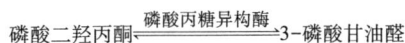

$$磷酸二羟丙酮 \xleftrightarrow{磷酸丙糖异构酶} 3\text{-}磷酸甘油醛$$

到此 1 分子葡萄糖生成 2 分子 3-磷酸甘油醛,通过两次磷酸化作用消耗 2 分子 ATP。

3-磷酸甘油醛经过氧化反应释放能量,ADP 转化为 ATP。

⑥3-磷酸甘油醛氧化反应。此反应由 3-磷酸甘油醛脱氢酶催化 3-磷酸甘油醛氧化脱氢并磷酸化生成含有 1 个高能磷酸键的 1,3-二磷酸甘油酸,本反应脱下的氢和电子转给脱氢酶的辅酶 NAD^+ 生成 $NADH+H^+$。磷酸根来自无机磷酸。

$$3\text{-}磷酸甘油醛 \xrightarrow[NAD+Pi \quad NADH_2]{3\text{-}磷酸甘油醛脱氢酶} 1,3\text{-}磷酸甘油酸$$

⑦1,3-二磷酸甘油酸的高能磷酸键转移反应。在磷酸甘油酸激酶（PGK）催化下，1,3-二磷酸甘油酸生成3-磷酸甘油酸，同时其分子中 C_1 的高能磷酸根转移给 ADP 生成 ATP。这种底物氧化产生的能量直接将 ADP 磷酸化生成 ATP 的过程，称为底物水平磷酸化。此激酶催化的反应是可逆的。

$$\text{1,3-二磷酸甘油醛} \xrightleftharpoons[\text{ADP}]{\overset{\text{磷酸甘油酸激酶}}{\quad\quad\quad}} \text{3-磷酸甘油酸} \quad \text{ATP}$$

⑧3-磷酸甘油酸的变位反应。在磷酸甘油酸变位酶催化下，3-磷酸甘油酸 C_3 位上的磷酸基转变到 C_2 位上，生成2-磷酸甘油酸。此反应可逆。

$$\text{3-磷酸甘油酸} \xrightleftharpoons{\overset{\text{磷酸甘油酸}}{\quad\quad\quad}} \text{2-磷酸甘油酸}$$

⑨2-磷酸甘油酸的脱水反应。由烯醇化酶催化2-磷酸甘油酸脱水。同时，能量重新分配，生成含高能磷酸键的磷酸烯醇式丙酮酸。此反应可逆。

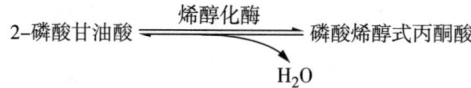

$$\text{2-磷酸甘油酸} \xrightleftharpoons[\text{H}_2\text{O}]{\overset{\text{烯醇化酶}}{\quad\quad\quad}} \text{磷酸烯醇式丙酮酸}$$

⑩磷酸烯醇式丙酮酸的磷酸转移。在丙酮酸激酶（PK）催化下，磷酸烯醇式丙酮酸上的高能磷酸根转移至 ADP 生成 ATP，此反应是底物水平磷酸化过程。

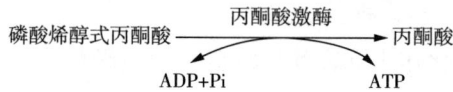

$$\text{磷酸烯醇式丙酮酸} \xrightarrow[\text{ADP+Pi}]{\overset{\text{丙酮酸激酶}}{\quad\quad\quad}} \text{丙酮酸} \quad \text{ATP}$$

此反应不可逆，是糖酵解的第三个限速反应。

经过以上反应，一分子葡萄糖可氧化分解产生2个分子丙酮酸。在此过程中，反应产生4分子 ATP。

如与葡萄糖磷酸化和磷酸果糖的磷酸化消耗2分子 ATP 相互抵消，每分子葡萄糖降解至丙酮酸净产生2分子 ATP。

$$\text{葡萄糖} \longrightarrow \text{2-丙酮酸+2ATP}$$

（2）丙酮酸还原

在无氧条件下，丙酮酸接受 NADH+H$^+$ 上的 H，还原为乳酸。

⑪丙酮酸还原为乳酸。丙酮酸在乳酸脱氢酶的作用下，接受由3-磷酸甘油酸脱下的氢，还原为乳酸。

$$\text{丙酮酸} \xrightleftharpoons[\overset{\text{乳酸脱氢酶}}{\text{NADH+H}^+ \quad\quad \text{NAD}^+}]{} \text{乳酸}$$

在高等植物及部分真菌、细菌体内,丙酮酸脱羧被还原为乙醇。酵母菌将葡萄糖转化为乙醇和二氧化碳的过程称为酒精发酵。乳酸菌将葡萄糖转化为乳酸和二氧化碳的过程称为乳酸发酵。

2. 糖酵解的调节

糖酵解反应中有三步是不可逆反应,催化这三步反应的酶是限速酶,通过对它们活性的调控可以调控整个糖酵解的反应速率。主要限速酶是己糖激酶(HK)、磷酸果糖激酶-1(PFK-1)和丙酮酸激酶(PK)。

3. 无氧分解的意义

虽然糖酵解是生物界普遍存在的供能途径,但在一般生理情况下大多数组织有足够的氧以供有氧氧化之需,很少进行糖酵解。然而在某些情况下,糖酵解有特殊的意义。例如,剧烈运动时,呼吸和循环加快以增加供氧量,糖分解加速,但仍不能满足体内糖完全氧化所需要的能量,此时肌肉处于相对缺氧状态,必须通过糖酵解以补充所需的能量。在剧烈运动后,血中乳酸浓度成倍升高,这是糖酵解加强的结果。人们从平原地区进入高原的初期,由于缺氧,组织细胞也往往通过增强糖酵解获得能量。再如,无氧条件下,乳酸菌能分泌较多的乳酸脱氢酶把丙酮酸转变成乳酸,食品加工中常利用乳酸菌发酵生产酸奶、泡菜、酸菜等食品。又如利用酵母菌等微生物发酵,把丙酮酸转化成乙醇,进行酿酒和生产酒精。

(二)糖的有氧氧化

葡萄糖在有氧条件下,彻底氧化分解生成 CO_2 和 H_2O 并释放大量能量的过程称为糖的有氧氧化。有氧氧化是糖分解代谢的主要方式,大多数组织中的葡萄糖均进行有氧氧化分解供给机体能量。

糖的有氧氧化分三个阶段进行。第一阶段是由葡萄糖生成丙酮酸,在细胞液中进行;第二个阶段丙酮酸进入线粒体,氧化脱羧生成乙酰 CoA;第三个阶段是乙酰 CoA 经在线粒体内三羧酸循环(TCA 循环)生成 CO_2 和 H_2O。

1. 丙酮酸生成

此阶段反应过程与糖酵解前三个阶段相同,不同的是 3-磷酸甘油醛脱去的 2H 去向不同。有氧情况下,2H 经过呼吸链传递给氧生成 H_2O 的同时生成 ATP。

2. 丙酮酸的氧化脱羧

细胞液中生成的丙酮酸经过线粒体内膜上特异载体转移到线粒体后,与辅酶 A(HS-CoA)结合形成乙酰辅酶 A(乙酰 CoA),放出 CO_2。

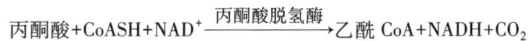

$$丙酮酸+CoASH+NAD^+ \xrightarrow{丙酮酸脱氢酶} 乙酰 CoA+NADH+CO_2$$

催化丙酮酸氧化脱羧的酶是丙酮酸脱氢酶系。此酶系包括 3 种酶,分别为:丙酮酸脱羧酶,辅酶是 TPP;二氢硫辛酸乙酰转移酶,辅酶是二氢硫辛酸和辅酶 A;二氢硫辛酸脱氢酶,辅酶是 FAD 及存在于线粒体基质液中的 NAD^+。

3. 三羧酸循环(TCA 循环)

乙酰 CoA 进入由一连串反应构成的循环体系,被氧化生成 H_2O 和 CO_2。由于这个循环反应开始于乙酰 CoA 和草酰乙酸缩合生成的含有三个羧基的柠檬酸,因此称之为三羧酸循环或柠檬酸循环。

(1)三羧酸循环的过程

①柠檬酸的生成。

乙酰 CoA 与草酰乙酸缩合生成含有三羧基的柠檬酸,并释放出 CoASH。

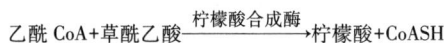

$$乙酰 CoA+草酰乙酸 \xrightarrow{柠檬酸合成酶} 柠檬酸+CoASH$$

该反应由柠檬酸缩合酶的催化,为不可逆反应,是三羧酸循环中的第一个限速步骤。柠檬酸合成酶为三羧酸循环的第一个关键酶。

②异柠檬酸的形成。

柠檬酸在顺乌头酸酶的催化下,经过脱水形成顺乌头酸,再经加水形成异柠檬酸。该反应是一个可逆反应。

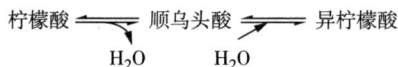

$$柠檬酸 \underset{H_2O}{\rightleftharpoons} 顺乌头酸 \underset{H_2O}{\rightarrow} 异柠檬酸$$

③α-酮戊二酸的生成。

异柠檬酸在异柠檬酸脱氢酶的催化下生成草酰琥珀酸,后者迅速脱羧生成 α-酮戊二酸。反应中脱下的氢由 NAD^+ 接受形成 $NADH+H^+$ 进入呼吸链,氧化成 H_2O,释放出 ATP。此反应为三羧酸循环的第一次氧化脱羧反应。

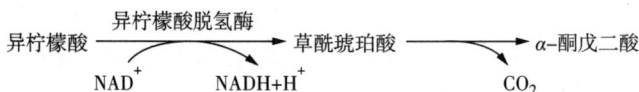

$$异柠檬酸 \xrightarrow[NAD^+ \quad NADH+H^+]{异柠檬酸脱氢酶} 草酰琥珀酸 \xrightarrow{CO_2} \alpha\text{-}酮戊二酸$$

此反应不可逆,是三羧酸循环中的第二步限速步骤。异柠檬酸脱氢酶是三羧酸循环中的第二个关键酶。

④琥珀酰 CoA 的生成。

在 α-酮戊二酸脱氢酶系作用下,α-酮戊二酸氧化脱羧生成琥珀酰 CoA、$NADH+H^+$ 和 CO_2。反应过程完全类似于丙酮酸脱氢酶系催化的氧化脱羧,氧化产生的能量中一部分贮存于琥珀酰 CoA 的高能硫酯键中。

$$\alpha\text{-}酮戊二酸+CoASH+NAD^+ \xrightarrow{\alpha\text{-}酮戊二酸脱氢酶} 琥珀酰 CoA+NADH+H^++CO_2$$

此步反应是三羧酸循环中的第二个氧化脱羧反应,也是三羧酸循环中的第三步限速步骤。α-酮戊二酸脱氢酶系是三羧酸循环中的第三个关键酶。该酶与丙酮酸氧化脱羧酶系相似,是复合酶系,由三个酶(α-酮戊二酸脱羧酶、硫辛酸琥珀酰基转移酶、二氢硫辛酸脱氢酶)和五个辅酶(TPP、硫辛酸、HSCoA、NAD⁺、FAD)组成。

⑤琥珀酸的生成。

在琥珀酸合成酶的作用下,琥珀酰CoA水解,释放的自由能用于合成GTP。在哺乳动物中,释放的自由能先生成GTP,再生成ATP;在细菌和高等生物中释放的自由能可直接生成ATP。此时,琥珀酰CoA生成琥珀酸和辅酶A。

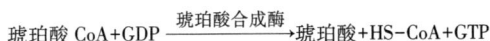

$$琥珀酸CoA+GDP \xrightarrow{\text{琥珀酸合成酶}} 琥珀酸+HS-CoA+GTP$$

⑥延胡索酸的生成。

琥珀酸在琥珀酸脱氢酶的催化下生成延胡索酸,反应中氢的受体是琥珀酸脱氢酶的辅酶FAD。

$$琥珀酸 \underset{\text{琥珀酸脱氢酶}}{\overset{FAD \quad FADH_2}{\rightleftharpoons}} 延胡索酸$$

⑦苹果酸的生成。

延胡索酸在延胡索酸酶的催化下,加水生成苹果酸。此反应为可逆反应。

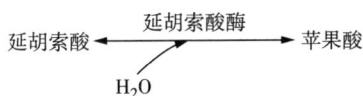

$$延胡索酸 \underset{H_2O}{\overset{\text{延胡索酸酶}}{\rightleftharpoons}} 苹果酸$$

⑧草酰乙酸再生。

在苹果酸脱氢酶作用下,苹果酸脱氢氧化生成草酰乙酸,NAD⁺是脱氢酶的辅酶,接受氢成为NADH+H⁺。

$$苹果酸 \underset{\text{苹果酸脱氢酶}}{\overset{NAD^+ \quad NADH+H^+}{\rightleftharpoons}} 草酰乙酸$$

反应产物草酰乙酸又可与另一分子乙酰CoA缩合生成柠檬酸,开始新一轮的三羧酸循环。

在三羧酸循环中,最初草酰乙酸因参加反应而被消耗,但经过循环又重新生成。所以每循环一次,净结果为1个乙酰基通过两次脱羧而被消耗。循环中有机酸脱羧产生的CO_2,是机体中CO_2的主要来源。在三羧酸循环中共有4次脱氢反应,脱下的氢原子3次形成NADH+H⁺,1次形成$FADH_2$,并进入呼吸链,最后传递给氧生成水。

(2)三羧酸循环总结

三羧酸循环的总反应式如下:

乙酰$CoA+2H_2O+3NAD^++FAD+GDP+Pi \longrightarrow 2CO_2+3NADH+3H^++FADH_2+CoASH+GTP$

每一次三羧酸循环,经历一次底物水平磷酸化,二次脱羧反应,三个关键酶促反应和四次氧化脱氢反应。

①一次底物水平磷酸化:琥珀酰CoA生成琥珀酸的底物水平磷酸化形成1分子GTP,

可转化为 1 分子 ATP。

②二次脱羧反应:异柠檬酸在异柠檬酸脱氢酶的催化下生成草酰琥珀酸,后者脱羧生成 α-酮戊二酸。α-酮戊二酸在 α-酮戊二酸脱氢酶系作用下,氧化脱羧生成琥珀酰 CoA。两次都是同时脱氢脱羧作用,但作用机理不同。通过脱羧作用生成 CO_2,是机体内产生 CO_2 的普遍规律。

③三个关键酶促反应:柠檬酸合成酶、异柠檬酸脱氢酶、α-酮戊二酸脱氢酶系是三羧酸循环的关键酶。

④四次氧化脱氢反应:

三对氢原子以 NAD^+ 为受氢体,一对以 FAD 为受氢体,分别还原成 $NADH+H^+$ 和 $FADH_2$。它们又经线粒体内递氢体传递,最终与氧结合生成水。此过程共生成 3 分子的 $NADH+H^+$ 和 1 分子的 $FADH_2$。1 分子 $NADH+H^+$ 经呼吸链可生成 3 分子 ATP,1 分子 $FADH_2$ 可生成 2 分子的 ATP,所以共生成 11 个 ATP,加上底物水平磷酸化形成的 1 分子的 ATP,1 分子乙酰 CoA 经三羧酸循环一周共可产生 12 分子的 ATP。

三羧酸循环的化学过程见图 9-2。

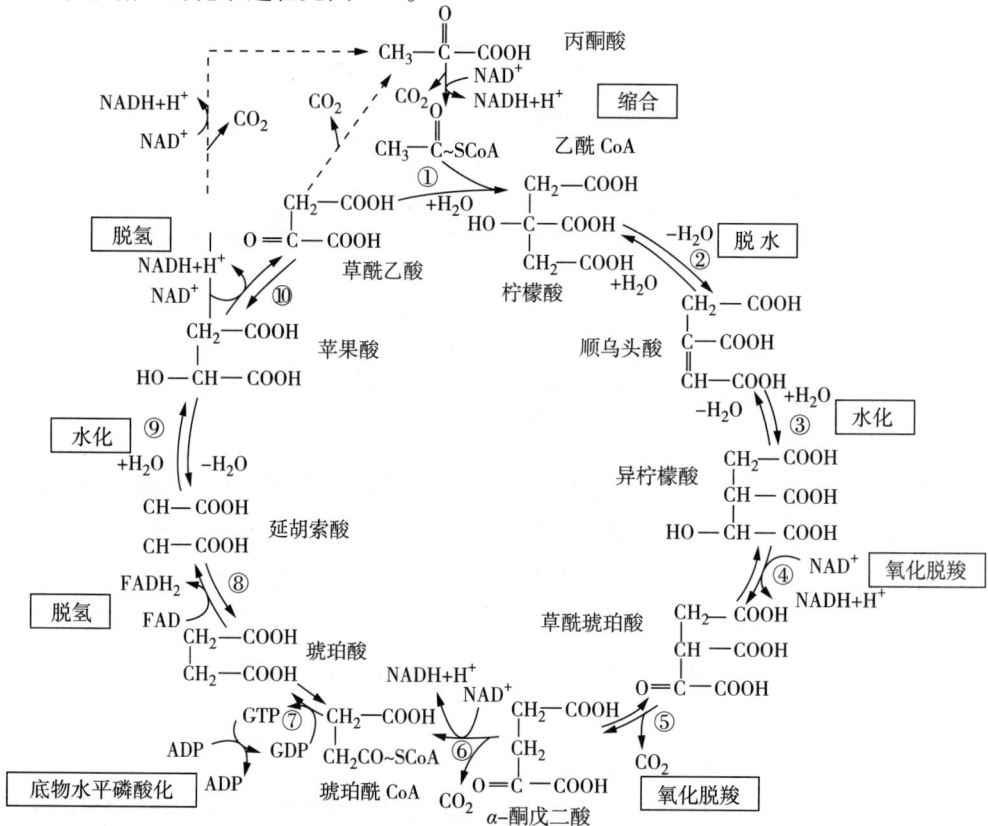

①—柠檬酸合成酶;②,③—顺乌头酸酶;④,⑤—异柠檬酸脱氢酶;⑥—α-酮戊二酸脱氢酶系;⑦—琥珀酸硫激酶;⑧—琥珀酸脱氢酶;⑨—延胡索酸酶;⑩—苹果酸脱氢酶

图 9-2　三羧酸循环的化学过程

　　三羧酸循环的中间产物,从理论上讲可以循环不消耗,但是由于循环中的某些组成成分还可参与合成其他物质,而其他物质也可不断通过多种途径而生成中间产物,所以说三羧酸循环组成成分处于不断更新之中。

　　(3)三羧酸循环的生理意义

　　①三羧酸循环是机体获取能量的主要方式。1 个分子葡萄糖经无氧酵解仅净生成 2 个分子 ATP,而三羧酸循环生成 24 个 ATP(见表 9-1)。在一般生理条件下,许多组织细胞皆从糖的有氧氧化获得能量。糖的有氧氧化释能效率高,能量的利用率也很高。

　　②三羧酸循环是糖、脂肪和蛋白质三种主要有机物在体内彻底氧化分解的共同代谢途径。三羧酸循环的起始物乙酰辅酶 A,不但是糖氧化分解产物,它也可来自脂肪的甘油、脂肪酸和来自蛋白质的某些氨基酸代谢。因此三羧酸循环实际上是三种主要有机物在体内氧化供能的共同通路,估计生物体内 2/3 的有机物是通过三羧酸循环而被分解的。

　　③三羧酸循环是机体代谢的枢纽。糖类、脂类、蛋白质在体内代谢可生成三羧酸循环的中间产物,这些中间产物可以转变成为某些氨基酸等。因此三羧酸循环不仅是三种主要的有机物分解代谢的最终共同途径,而且也是它们互变的联络机构。

表 9-1　1 mol 葡萄糖有氧氧化时 ATP 的生成

反应阶段	反应过程	ATP 的生成或消耗
	葡萄糖 6-磷酸葡萄糖	−1
	6-磷酸葡萄糖 1,6-二磷酸葡萄糖	−1
酵解	3-磷酸甘油醛 1,3-二磷酸甘油酸	+2×2 或 +3×2[①]
	1,3-二磷酸甘油酸 3-磷酸甘油酸	+1×2
	磷酸烯醇式丙酮酸 烯醇式丙酮酸	+1×2
丙酮酸氧化脱羧	丙酮酸 乙酰 CoA	+3×2
	异柠檬酸 α-酮戊二酸	+3×2
	α-酮戊二酸 琥珀酰 CoA	+3×2
三羧酸循环	琥珀酰 CoA 琥珀酸	+1×2
	琥珀酸 延胡索酸	+2×2
	苹果酸 草酰乙酸	+3×2
总计		36 或 38

①根据 NADH+H$^+$ 穿梭进入线粒体的方式不同,可产生 3 mol ATP,也可产生 2 mol ATP。

(三)磷酸戊糖途径

糖酵解和三羧酸循环是机体内糖分解代谢的主要途径,但并不是唯一途径。许多组织细胞中都存在另一种葡萄糖降解途径,即磷酸戊糖途径(PPP),也称磷酸己糖旁路(HMP)。参与磷酸戊糖途径的酶类都分布在动物胞质中,在肝、骨髓、脂肪组织、红细胞、泌乳期乳腺、肾上腺皮质等组织中。葡萄糖可以不通过糖酵解途径直接分解形成 NADPH+H$^+$,动物和微生物中有30%的葡萄糖经过该途径分解。

1. 磷酸戊糖途径的过程

磷酸戊糖途径是葡萄糖氧化分解的一种方式。由于此途径是由 6-磷酸葡萄糖开始,故也称为磷酸己糖旁路。该途径全过程中无 ATP 生成,因此不是机体主要产能方式。此途径在胞质中进行,可分为两个阶段。

第一阶段由 6-磷酸葡萄糖脱氢生成 6-磷酸葡糖酸内酯开始,然后水解生成 6-磷酸葡糖酸,再氧化脱羧生成 5-磷酸核酮糖。NADP$^+$是所有上述氧化反应中的电子受体。

第二阶段是 5-磷酸核酮糖经过一系列转酮基及转醛基反应,经过磷酸丁糖、磷酸戊糖及磷酸庚糖等中间代谢物最后生成 3-磷酸甘油醛及 6-磷酸果糖。后二者还可重新进入糖酵解途径而进行代谢(见图9-3)。

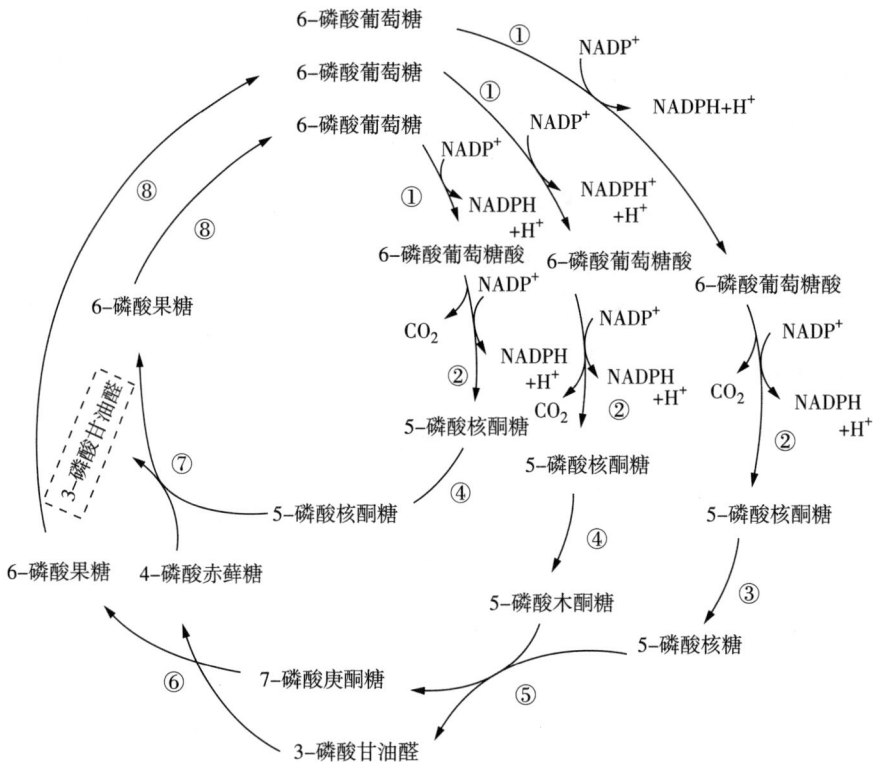

图9-3　磷酸戊糖途径

2.生理意义

此途径是葡萄糖在体内生成 5-磷酸核糖的唯一途径。5-磷酸核糖是合成核苷酸辅酶及核酸的主要原料,故损伤后修复、再生的组织(如梗死的心肌、部分切除后的肝脏)中,此代谢途径都比较活跃。

糖的三种主要分解代谢途径可归纳为图 9-4。

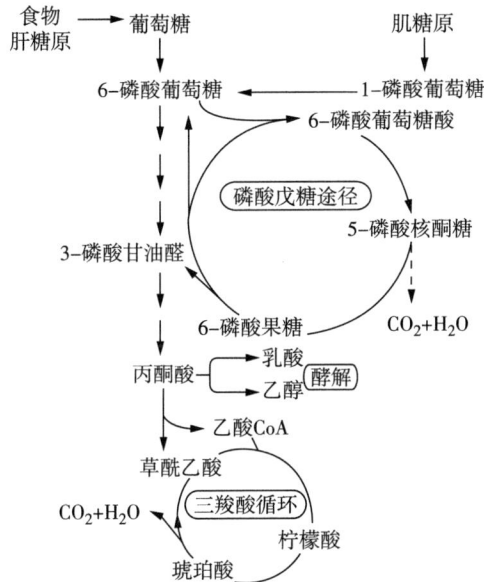

图 9-4　糖的分解代谢途径示意图

(四)糖醛酸途径

糖醛酸途径主要在肝脏和红细胞中进行。它从 6-磷酸葡萄糖或 1-磷酸葡萄糖开始,由尿嘧啶核苷二磷酸葡萄糖(UDPG)脱掉尿苷二磷酸(UDP)形成葡萄糖醛酸,此后逐步代谢形成 L-木糖酮,再经木糖醇形成 D-木酮糖,进入磷酸戊糖途径生成核糖或者进入三羧酸循环进一步代谢,从而构成糖分解代谢的另一条通路。

糖醛酸代谢的主要生理功能是代谢过程中生成了葡萄糖醛酸,是体内重要的解毒物质之一,同时又是合成黏多糖的原料。此代谢过程要消耗 $NADPH+H^+$,而磷酸戊糖途径又生成 $NADPH+H^+$,因此两者关系密切。当磷酸戊糖途径发生障碍时,必然会影响糖醛酸代谢的顺利进行。

二、糖异生途径

非糖物质合成葡萄糖的过程称为糖异生途径。非糖物质主要指氨基酸、乳酸、甘油和丙酮酸。糖异生作用主要在肝脏中进行。在饥饿和酸中毒时,糖异生也发生在肾脏,但肾皮质异生的葡萄糖只有肝脏产量的 1/10。

糖异生的途径基本上是糖酵解(或糖有氧氧化)的逆过程,糖酵解通路中大多数的酶促反应是可逆的。但是葡萄糖的磷酸化、果糖的磷酸化、磷酸烯醇式丙酮酸的磷酸转移三个反应在原来酶的作用下是不可逆的,必须由另外不同的酶来催化逆行过程。所以说,糖异生并不是糖酵解的简单逆转。

糖异生作用的三种主要原料有乳酸、甘油和氨基酸。乳酸在乳酸脱氢酶作用下转变为丙酮酸,经羧化支路形成糖;甘油被磷酸化生成磷酸甘油后,氧化成磷酸二羟丙酮,再循环糖酵解逆行过程合成糖;氨基酸则通过多种渠道成为糖酵解或糖有氧氧化过程中的中间产物,然后生成糖;三羧酸循环中的各种羧酸则可转变为草酰乙酸,然后生成糖(见图9-5)。

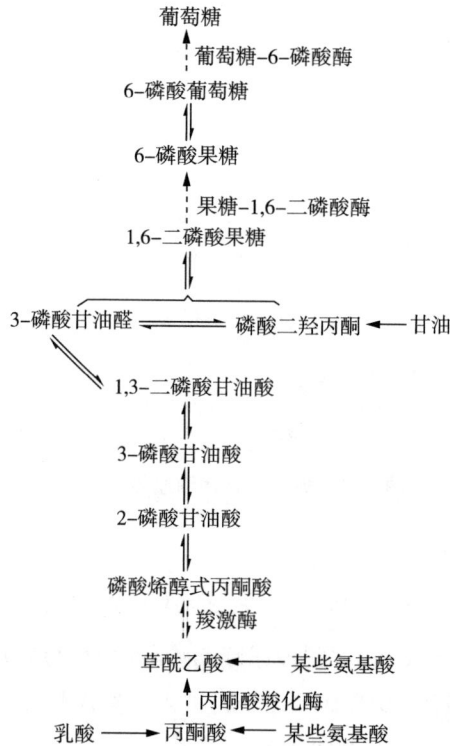

葡萄糖
╎葡萄糖-6-磷酸酶
6-磷酸葡萄糖
⇅
6-磷酸果糖
╎果糖-1,6-二磷酸酶
1,6-二磷酸果糖
⇅
3-磷酸甘油醛 ⇌ 磷酸二羟丙酮 ← 甘油
⇅
1,3-二磷酸甘油酸
⇅
3-磷酸甘油酸
⇅
2-磷酸甘油酸
⇅
磷酸烯醇式丙酮酸
╎羧激酶
草酰乙酸 ← 某些氨基酸
╎丙酮酸羧化酶
乳酸 → 丙酮酸 ← 某些氨基酸

图9-5 糖异生作用途径(虚线是此途径特有的反应,其他是糖酵解的逆过程)

三、糖原的合成与分解

糖原是由多个葡萄糖组成的带分支的大分子多糖,是体内糖的贮存形式。糖原主要贮存在肌肉和肝脏中。肌肉中糖原占肌肉总重量的 $1\% \sim 2\%$,约为 400 g。肝脏中糖原占总量 $6\% \sim 8\%$,约为 100 g。肌糖原分解,为肌肉自身收缩供给能量,肝糖原分解主要维持血糖浓度。

1. 糖原的合成

由葡萄糖(包括少量果糖和半乳糖)合成糖原的过程称为糖原合成。反应在细胞质中进行,需要消耗 ATP 和 UTP(三磷酸尿苷)。合成反应过程如图9-6。

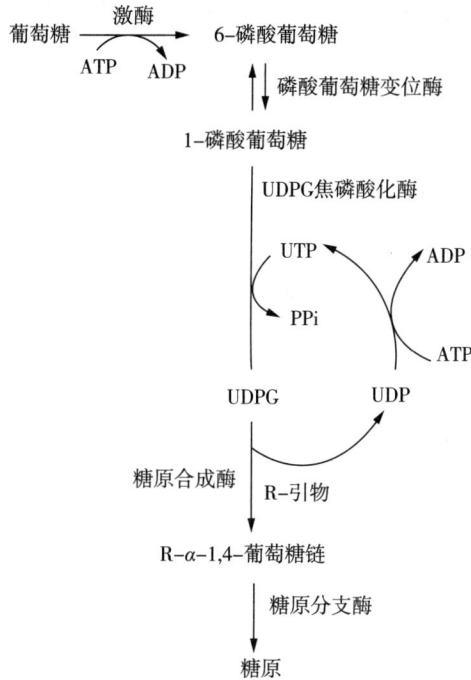

图 9-6　糖原合成过程

2. 糖原的分解

糖原分解不是糖原合成的逆反应,除磷酸葡萄糖变位酶外,其他酶均不一样,反应包括:

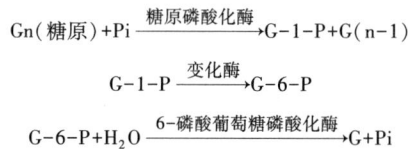

$$Gn(糖原)+Pi \xrightarrow{\text{糖原磷酸化酶}} G\text{-}1\text{-}P+G(n\text{-}1)$$

$$G\text{-}1\text{-}P \xrightarrow{\text{变化酶}} G\text{-}6\text{-}P$$

$$G\text{-}6\text{-}P+H_2O \xrightarrow{\text{6-磷酸葡萄糖磷酸酶}} G+Pi$$

第三节　脂类的代谢

一、脂类的消化与吸收

正常情况下每人每日从食物中消化 50~60 g 的脂类,其中甘油三酯占到 90% 以上,除此以外还有少量的磷脂、胆固醇及其酯和一些游离脂肪酸。

1. 脂类的消化

口腔中没有消化脂类的酶,食物中的脂类在成人口腔中不能被消化。胃中虽有少量脂肪酶,但此酶只有在中性时才有活性,因此在正常胃液中此酶几乎没有活性。但是,婴儿时期胃酸浓度低,胃中 pH 接近中性,脂肪尤其是乳脂可被部分消化。

脂类的消化及吸收主要在小肠中进行。首先在小肠上段,胆汁中的胆汁酸盐使食物脂类乳化,增加了酶与脂类的接触面积,有利于脂类的消化与吸收。

其次,分泌入小肠的胰液中包含的酶类对食物中的脂类进行消化,这些酶包括胰脂肪酶、辅脂酶、胆固醇酯酶和磷脂酶。

（1）甘油三酯

食物中的脂肪乳化后,甘油三酯被胰脂肪酶催化水解,生成2-甘油一酯和脂肪酸。

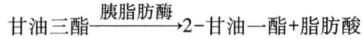

$$甘油三酯 \xrightarrow{\text{胰脂肪酶}} 2\text{-甘油一酯}+脂肪酸$$

脂肪组织中的甘油三酯在一系列脂肪酶的作用下,最终会水解生成甘油和脂肪酸。

$$甘油三酯 \xrightarrow{\text{脂肪酶}} 甘油+脂肪酸$$

（2）磷脂

磷脂的降解主要是体内磷酸甘油酯酶催化的水解过程。食物中的磷脂被磷脂酶 A_2 催化水解生成溶血磷脂和脂肪酸。

$$磷脂 \xrightarrow{\text{磷脂酶 } A_2} 溶血磷脂+脂肪酸$$

甘油磷脂分子完全水解后的产物为甘油、脂肪酸、磷酸和各种氨基醇。鞘氨磷脂的分解代谢由神经鞘磷脂酶作用,使磷酸酯键水解产生磷酸胆碱及神经酰胺（N-脂酰鞘氨醇）。若体内缺乏此酶,可引起痴呆等鞘磷脂沉积病。

（3）胆固醇酯

食物中的胆固醇酯被胆固醇酯酶水解,生成胆固醇及脂肪酸。

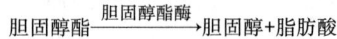

$$胆固醇酯 \xrightarrow{\text{胆固醇酯酶}} 胆固醇+脂肪酸$$

2. 脂类的吸收

食物中的脂类经上述胰液中酶类消化后,生成甘油一酯、脂肪酸、胆固醇及溶血磷脂等。这些产物经胆汁乳化成混合微团,被肠黏膜细胞吸收。

脂类的吸收主要在十二指肠下段和盲肠。甘油及中短链脂肪酸无需乳化,直接吸收入小肠黏膜细胞通过门静脉进入血液。长链脂肪酸及其他脂类消化产物随微团吸收入小肠黏膜细胞。长链脂肪酸在脂酰 CoA 合成酶催化下,生成脂酰 CoA,此反应消耗 ATP。

$$脂肪酸+HSCoA+ATP \xrightarrow{\text{脂酰 CoA 合成酶}} 脂酰 CoA+AMP$$

脂酰 CoA 可在转酰基酶作用下,将甘油一酯、溶血磷脂和胆固醇酯化生成相应的甘油三酯、磷脂和胆固醇酯。生成的甘油三酯、磷脂、胆固醇酯及少量胆固醇,与细胞内合成的载脂蛋白构成乳糜微粒,通过淋巴最终进入血液。

食物中脂类的吸收与糖的吸收不同,大部分脂类通过淋巴直接进入体循环,而不通过肝脏。因此食物中脂类主要被肝外组织利用,肝脏利用外源的脂类是很少的。进入血液中的脂类物质由脂蛋白协助在体内血液中转运。

二、脂肪的分解代谢

脂肪在脂肪酶的作用下分解生成甘油和脂肪酸,甘油和脂肪酸在体内再进一步分解。

1. 甘油的氧化

甘油经过血液运输至肝脏,被磷酸化和氧化生成磷酸二羟丙酮,最终生成3-磷酸甘油醛。然后经酵解途径转化成丙酮酸继续氧化,或者经糖异生途径生成葡萄糖。可见,甘油代谢和糖代谢是密切相关的。磷酸二羟丙酮还可以被还原成3-磷酸甘油,再被磷酸酶水解,又生成甘油循环上面的过程。甘油转化成磷酸二羟丙酮进而再转化为糖的过程如图9-7所示。

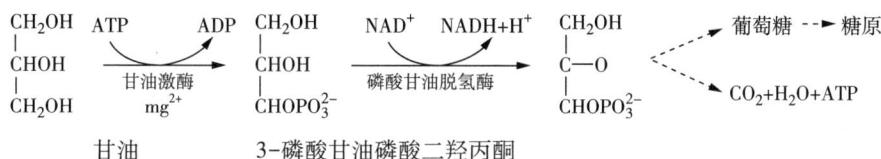

图9-7　甘油转化为磷酸二羟丙酮进而再转化为糖的过程

2. 脂肪酸的氧化分解

脂肪酸在供氧充足的情况下,可彻底氧化分解为 CO_2 和 H_2O,释放大量能量。因此脂肪酸是机体主要能量来源之一。肝和肌肉是进行脂肪酸氧化最活跃的组织,其最主要的氧化形式是 β-氧化。

(1)脂肪酸的 β-氧化过程

脂肪酸通过酶催化 α-与 β-碳原子间的断裂、β-碳原子上的氧化,相继切下二碳单位降解的方式称为 β-氧化。脂肪酸的 β-氧化在细胞线粒体基质中进行,是分解代谢的主要途径。β-氧化可分为活化、转移、β-氧化三个阶段。

①脂肪酸的活化。

脂肪酸在化学性质上较不活泼,需要 ATP 和辅酶 A 参加,在脂酰辅酶 A 合成酶催化下发生脂肪酸激活。活化主要在细胞液中进行。反应如下:

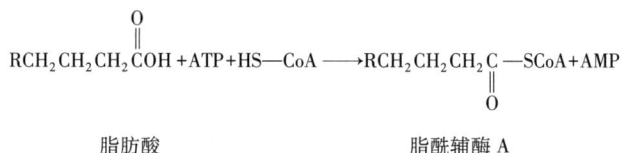

活化后生成的脂酰 CoA 极性增强,易溶于水,分子中有高能键、性质活泼。它是酶的特异底物,与酶的亲和力大,因此更容易参加反应。

②脂酰 CoA 进入线粒体。

脂肪酸的活化在细胞液中进行,脂酰 CoA 不能透过线粒体内膜,而脂肪酸的 β-氧化是在线粒体基质中进行,所以需载体运送脂酰 CoA 进入线粒体。肉毒碱是脂肪酸进入线粒体的运输者(载体)。

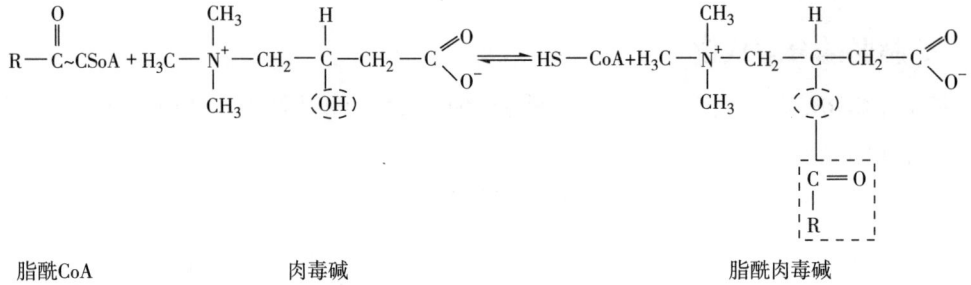

脂酰CoA   肉毒碱   脂酰肉毒碱

长链脂酰 CoA 和肉毒碱反应生成辅酶 A 和脂酰肉毒碱。催化此反应的酶为肉毒碱脂酰转移酶。脂酰肉毒碱能扩散通过线粒体膜至线粒体基质中,在肉毒碱脂酰转移酶作用下生成脂酰 CoA 和肉毒碱。肉毒碱又可回到细胞液运送其他的脂酰 CoA。

③β-氧化的反应过程。

脂酰 CoA 在线粒体基质中进行 β-氧化。β-氧化作用是脂肪酸在一系列酶的作用下,在 α-碳原子和 β-碳原子之间断裂,β-碳原子氧化成羧基,生成乙酰 CoA 和较原来少 2 个碳原子的脂肪酸的过程。β-氧化要经过四步反应,即脱氢、水化、再脱氢和硫解,生成一分子乙酰 CoA 和一个少两个碳的新的脂酰 CoA。

a. 脱氢反应:脂酰 CoA 由脂酰 CoA 脱氢酶活化,辅基为 FAD,在 α 和 β 碳原子上各脱去一个氢原子生成具有反式双键的 α,β-烯脂酰辅酶 A。

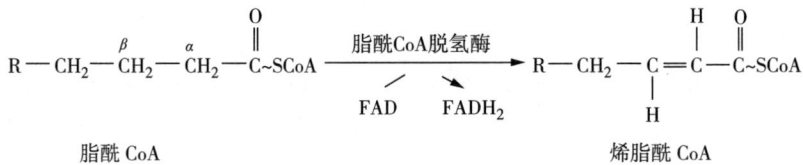

脂酰 CoA   烯脂酰 CoA

b. 水化反应:烯脂酰 CoA 由烯脂酰 CoA 水合酶催化,生成具有 L-构型的 β-羟脂酰 CoA。

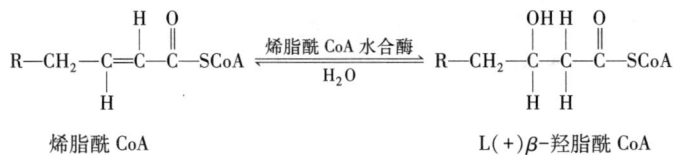

烯脂酰 CoA   L(+)β-羟脂酰 CoA

c. 脱氢反应:在 β-羟脂酰 CoA 脱氢酶(辅酶为 NAD^+)催化下,L-β-羟脂酰 CoA 脱氢生成 β-酮脂酰 CoA。

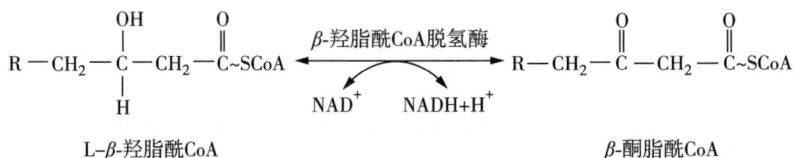

L-β-羟脂酰CoA   β-酮脂酰CoA

d. 硫解反应:由 β-酮脂酰 CoA 硫解酶催化,β-酮脂酰 CoA 在 α 和 β 碳原子之间断链,加上一分子辅酶 A 生成乙酰 CoA 和一个比原来少两个碳原子的脂酰 CoA。

$$R-CH_2-\overset{\overset{\displaystyle O}{\|}}{C}-CH_2-\overset{\overset{\displaystyle O}{\|}}{C}\sim SCoA \xrightarrow[\text{CoASH}]{\text{硫解酶}} R-CH_2-\overset{\overset{\displaystyle O}{\|}}{C}\sim SCoA + CH_3-\overset{\overset{\displaystyle O}{\|}}{C}\sim SCoA$$

β-酮脂酰CoA　　　　　　　　　　　　　　脂酰CoA　　　　　　乙酰CoA
　　　　　　　　　　　　　　　　　　　（比原来少2个碳原子）

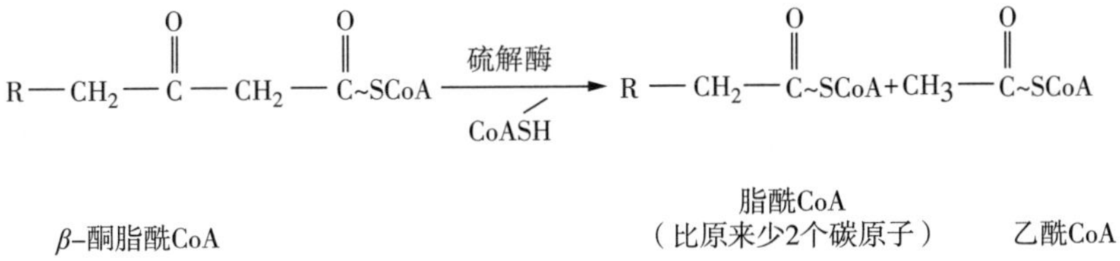

脂肪酸通过 β-氧化过程生成的较原来少 2 个碳原子的脂酰 CoA,并重复上述 4 个过程直至全部生成乙酰 CoA。生成的乙酰 CoA 可以彻底氧化生成 CO_2 和 H_2O,也可参与其他合成代谢。

脂肪酸的 β-氧化过程可用图 9-8 表示。如下图所示,脂肪酸每进行一轮 β-氧化,产生 1 分子乙酰 CoA、$NADH+H^+$ 和 $FADH_2$。

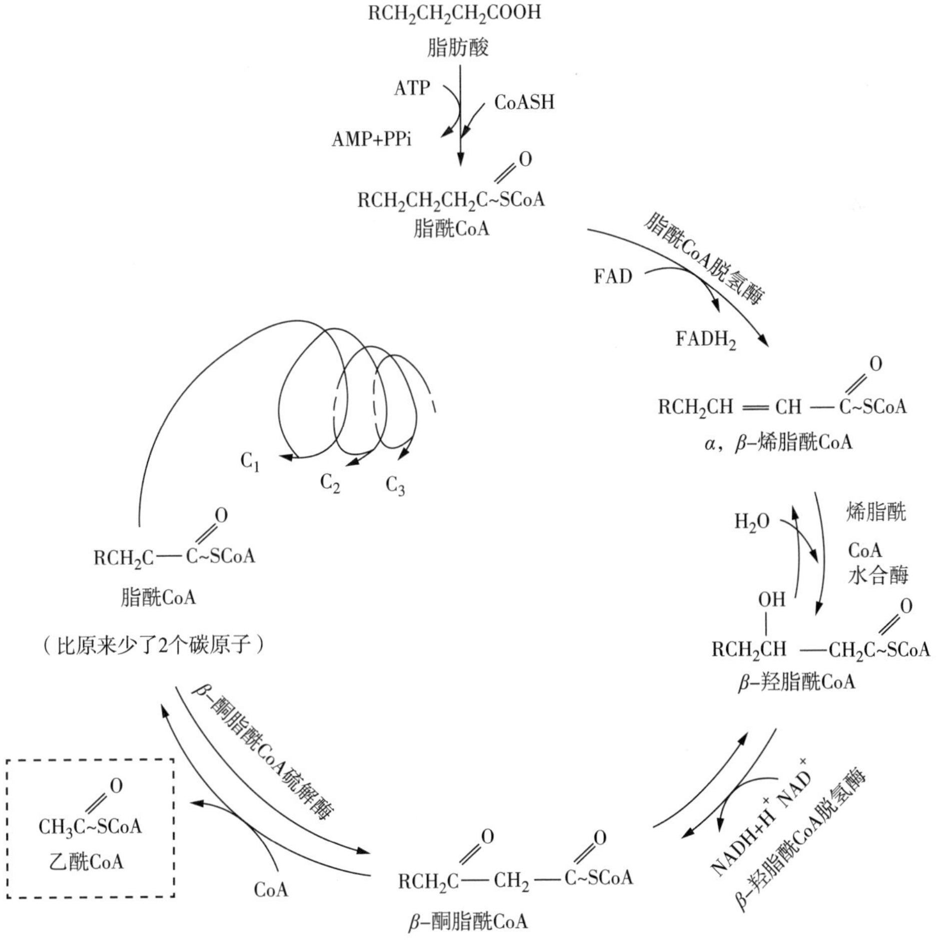

图 9-8　脂肪酸 β-氧化过程

(2)脂肪酸 β-氧化的生理意义

脂肪酸 β-氧化是体内脂肪酸分解的主要途径,脂肪酸的完全氧化可为机体生命活动提供大量能量。以软脂酸(十六碳酸)为例,经过 1 次活化后生成软脂酰 CoA,需再经 7 次

β-氧化,才能完全硫解为 8 分子乙酰 CoA。因此,软脂酰 CoA 的 β-氧化可用以下反应表示:

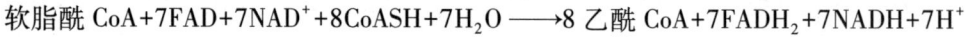

软脂酰 $CoA+7FAD+7NAD^++8CoASH+7H_2O \longrightarrow 8$ 乙酰 $CoA+7FADH_2+7NADH+7H^+$

若生成的乙酰 CoA 进入三羧酸循环彻底氧化分解,则 1 分子 $FADH_2$ 进入呼吸链磷酸化产生 2 分子 ATP;1 分子 $NADH+H^+$ 进入呼吸链产生 3 分子 ATP;乙酰 CoA 进入三羧酸循环氧化产生 12 分子 ATP。软脂酸活化消耗 2 个高能磷酸键,按消耗 2 个 ATP 计。因此,软脂酸完全氧化的净产量为:

$$2\times7ATP+3\times7ATP+12\times8ATP-2ATP = 129ATP$$

脂肪酸氧化时释放出来的能量约有 40% 被机体利用合成高能化合物,其余 60% 以热的形式释出,热效率为 40%。说明人体能很有效地利用脂肪酸氧化所提供的能量。

脂肪酸 β-氧化过程中生成的乙酰 CoA 是一种十分重要的中间化合物。乙酰 CoA 除能进入三羧酸循环氧化供能外,还是许多重要化合物如酮体(医学上将乙酰乙酸、β-羟丁酸和丙酮三者统称为酮体)、胆固醇和类固醇等的合成原料。

三、甘油三酯的合成代谢

虽然生物体内的脂肪是甘油和脂肪酸的酶促反应产物,但是二者不能直接反应,它们需要首先转化为合成脂肪所需的两种前体物质,即磷酸甘油和脂酰 CoA。生成磷酸甘油的来源有两个:一个是磷酸二羟丙酮,它是糖酵解中醛缩酶作用的产物,另一个是甘油酯水解产生的甘油。合成脂酰 CoA 的来源则主要是脂肪等的代谢产物。

人体可经过甘油一酯途径和磷脂酸途径合成甘油三酯。

1.甘油一酯途径

以甘油一酯为起始物,与脂酰 CoA 共同在脂酰转移酶作用下酯化生成甘油三酯。

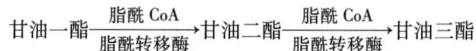

$$甘油一酯 \xrightarrow[脂酰转移酶]{脂酰 CoA} 甘油二酯 \xrightarrow[脂酰转移酶]{脂酰 CoA} 甘油三酯$$

2.磷脂酸途径

因脂肪及肌肉组织缺乏甘油激酶,故不能利用游离的甘油。游离的甘油可经甘油激酶催化生成 3-磷酸甘油;糖酵解的中间产物磷酸二羟丙酮在甘油磷酸脱氢酶作用下,也可以还原生成 3-磷酸甘油。3-磷酸甘油在甘油磷酸酰基转移酶作用下转变为溶血磷脂酸,溶血磷脂酸在酰基转移酶作用下生成磷脂酸。

此外,磷酸二羟丙酮也可不转化为 α-磷酸甘油,而是先酯化,后还原生成溶血磷脂酸,然后再经酯化合成磷脂酸(图 9-9)。

磷脂酸是合成甘油酯类的共同前体。磷脂酸在磷脂酸酶作用下,水解释放出无机磷酸,而转变为甘油二酯。甘油二酯酯化即可生成甘油三酯。

肝脏和脂肪组织是合成甘油三酯最活跃的组织。

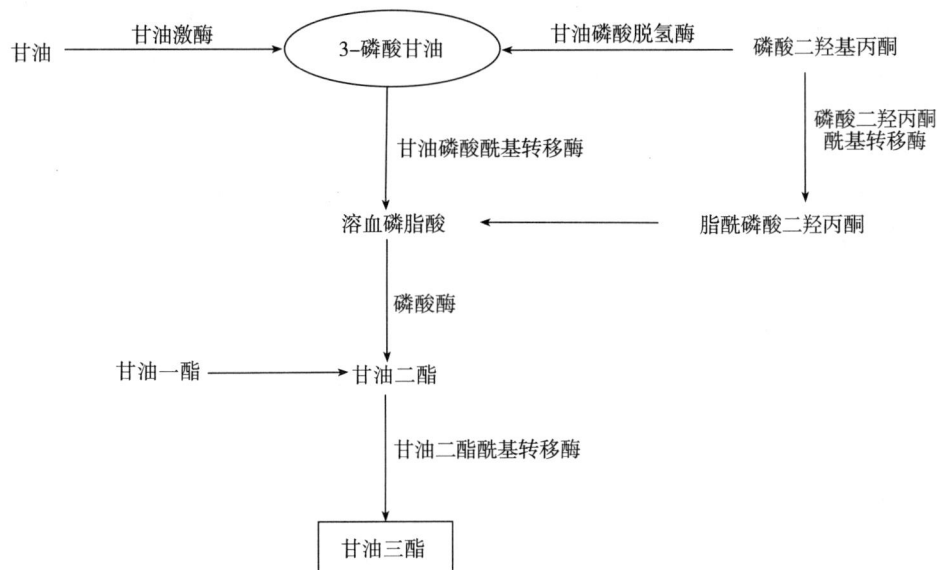

图 9-9　甘油三酯的合成

四、磷脂的合成代谢

1. 甘油磷脂的合成代谢

甘油磷脂由 1 分子甘油、2 分子脂肪酸和 1 分子磷酸组成。根据与磷酸相连的取代基团不同,甘油磷脂又可分为磷脂酰胆碱(卵磷脂)、磷脂酰乙醇胺(脑磷脂)、二磷脂酰甘油(心磷脂)等。

体内全身各组织均能合成甘油磷脂,以肝、肾等组织最活跃。它在细胞的内质网上合成:合成所用的甘油、脂肪酸主要从糖代谢转化而来;其多不饱和脂肪酸常需靠食物供给;合成还需 ATP、CTP。

2. 鞘磷脂的合成代谢

鞘磷脂的主要组成部分为鞘氨醇,1 分子鞘氨醇通常只连 1 分子脂肪酸(二者以酰胺键相连而非酯键)和 1 分子含磷酸的基团或糖基。含量最多的神经鞘磷脂即是以磷酸胆碱、脂肪酸与鞘氨醇结合而成。

鞘磷脂的合成代谢以脑组织最活跃,主要在内质网进行,基本原料为软脂酰 CoA 及丝氨酸。

第四节　蛋白质的代谢

食物中蛋白质、组织中蛋白质经过酶促降解生成氨基酸。食物蛋白经过消化吸收后,以氨基酸的形式通过血液循环运输到全身的各组织,这种来源的氨基酸称为外源性氨基酸。此外,机体各组织的蛋白质在组织酶的作用下,也不断地分解成为氨基酸,以及集体合成的部分氨基酸(非必需氨基酸),这两种来源的氨基酸称为内源性氨基酸。外源性氨基酸与内源性氨基酸彼此之间没有区别。

体内组织利用氨基酸,一方面用以合成蛋白质,另一方面继续进行分解代谢。

一、蛋白质的分解代谢

从氨基酸的结构来看,除了侧链 R 基团不同外,均有 α-氨基和 α-羧基。氨基酸在体内的分解代谢实际上就是氨基、羧基和 R 基团的代谢。氨基酸分解代谢的主要途径是脱氨基生成氨和相应的 α-酮酸;氨基酸的另一条分解途径是脱羧基生成 CO_2 和胺,胺在体内可经胺氧化酶作用,进一步分解生成氨和相应的醛和酸。R 基团部分生成的酮酸可进一步氧化分解生成 CO_2 和水,并提供能量,也可经一定的代谢反应转变生成糖或脂在体内贮存。

由于不同的氨基酸结构不同,因此它们的代谢也有各自的特点。

1. 氨基酸的脱氨基作用

脱氨基作用是指氨基酸在酶的催化下脱去氨基生成 α-酮酸的过程,这是氨基酸在体内分解的主要方式。参与人体蛋白质合成的氨基酸共有 20 种,它们的结构不同,脱氨基的方式也不同,主要有氧化脱氨、转氨、联合脱氨等。

(1)氧化脱氨基作用

氧化脱氨基作用是指在酶的催化下,氨基酸在氧化脱氢的同时,脱去氨基的过程。

(2)转氨脱氨基作用

在转氨酶催化下将 α-氨基酸的氨基转给 α-酮酸,生成相应的 α-酮酸和一种新的 α-氨基酸的过程,称为转氨脱氨基作用。通过转氨基作用,原有的氨基酸分解,新的氨基酸合成。因此转氨基作用既是氨基酸分解代谢的开始步骤,也是非必需氨基酸合成代谢的重要过程。

体内绝大多数氨基酸通过转氨基作用脱氨。参与蛋白质合成的 20 种 α-氨基酸中,除甘氨酸、赖氨酸、苏氨酸和脯氨酸不参加转氨基作用,其余均可由特异的转氨酶催化参加转氨基作用。转氨基作用最重要的氨基受体是 α-酮戊二酸,产生谷氨酸:

$$氨基酸+\alpha-酮戊二酸 \longrightarrow 谷氨酸+\alpha-酮酸$$

转氨酶中最重要的是谷草转氨酶(GOT)和谷丙转氨酶(GPT)。谷氨酸在谷草转氨酶的作用下进一步将氨基转移给草酰乙酸,生成 α-酮戊二酸和天冬氨酸:

$$谷氨酸+草酰乙酸 \xrightarrow{GOT} \alpha-酮戊二酸+天冬氨酸$$

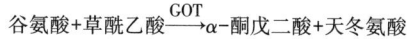

谷氨酸也可在谷丙转氨酶(GPT)作用下将氨基转移给丙酮酸,生成 α-酮戊二酸和丙氨酸。

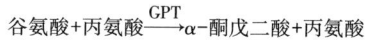

$$谷氨酸+丙氨酸 \xrightarrow{GPT} \alpha-酮戊二酸+丙氨酸$$

天冬氨酸和丙氨酸通过第二次转氨作用,再生成 α-酮戊二酸。

在不同动物和人体各个组织器官中,这两种转氨酶活力差别较大。谷草转氨酶以心脏中活力最大,其次是肝脏;谷丙转氨酶则以肝脏中活力最大。正常情况下,转氨酶主要在细胞内,血清中此两种酶活力最低;若因疾病细胞膜通透性增加、组织坏死或细胞破裂等,酶就释放入血液中,使血清转氨酶活力增高。心肌梗死、心肌炎患者的血清 GOT 异常升高;肝病病人,尤其是急性传染性肝炎患者的血清 GPT 和 GOT 都异常升高,常作为这两类疾病的辅助性诊断指标。

(3)联合脱氨基作用

转氨酶在体内广泛存在,它所催化的转氨基作用只是氨基的转移,而未达到真正脱去氨基的目的,仅仅是以新的氨基酸代替原来的氨基酸。在体内,氨基酸是通过转氨基作用和脱氨基作用相联合的方式实现脱去氨基的。联合脱氨基作用是体内重要的脱氨方式,主要有以下两种方式:

①转氨基作用与氧化脱氨基作用相偶联。

α-氨基酸与 α-酮戊二酸先经转氨基作用生成谷氨酸,谷氨酸经 L-谷氨酸脱氢酶作用重新生成 α-酮戊二酸,同时释放出游离氨。而 α-酮戊二酸再继续参加转氨基作用。

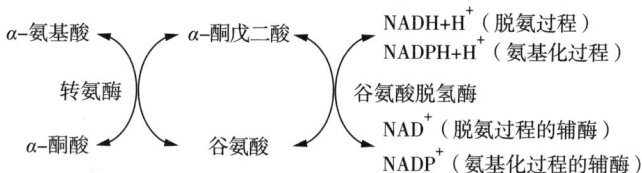

②嘌呤核苷酸循环脱氨基作用。

骨骼肌和心脏等组织中 L-谷氨酸脱氢酶的活性很低,因而不能通过上述形式的联合脱氨反应脱氨,而是以嘌呤核苷酸循环脱氨基作用为主要脱氨方式。一种氨基酸经过两次转氨作用可将 α-氨基转移至草酰乙酸生成天冬氨酸。天冬氨酸又可将此氨基转移到次黄嘌呤核苷酸上生成腺嘌呤琥珀酸,然后裂解成腺苷酸和延胡索酸。腺苷酸脱氨重新生成次黄苷酸。而延胡索酸则经过 TCA 循环生成草酰乙酸,再通过转氨作用接受谷氨酸的氨基重新形成天冬氨酸。在这里次黄苷酸与 α-酮戊二酸相似,起了传递氨基的作用,因此嘌呤核苷酸循环的实质也是转氨基和脱氨基联合进行的。

（4）氨基酸的非氧化脱氨作用

某些氨基酸还可以进行非氧化脱氨基作用。这种脱氨基方式主要在微生物体内进行，动物体内较少。非氧化脱氨基作用又可分为脱水脱氨基、脱硫化氢脱氨基、直接脱氨基和水解脱氨基4种方式。

2. 氨基酸的脱羧基作用

部分氨基酸可在氨基酸脱羧酶催化下进行脱羧基作用，生成 CO_2 和相应的胺。除组氨酸外，此反应均需磷酸吡哆醛作为辅酶。氨基酸脱羧作用在微生物中很普遍，在高等动植物组织内也有此作用，但不是氨基酸代谢的主要方式。

氨基酸脱去羧基形成的胺类是生理活性物质。例如，谷氨酸在脑组织中脱羧形成 γ-氨基丁酸，这是一种抑制性神经递质，能加强中枢神经的抑制作用；天冬氨酸脱羧形成的 β-丙氨酸是维生素泛酸的组成成分；由组氨酸脱羧生成的组胺是一种强烈的血管舒张剂，可降低血压，促进平滑肌收缩，还能增加血管的通透性，促进胃液的分泌等；酪氨酸脱羧的酪胺则使血压升高。

如果体内胺类积蓄过多，也可引起神经或心血管等系统的功能紊乱。体内广泛存在胺氧化酶，特别是肝中此酶活力较高，它能催化胺类氧化生成醛，继而氧化成酸，再分解成二氧化碳和水。

3. 氨基酸代谢产物的去路

氨基酸经脱氨基作用生成的氨是体内氨的主要来源。此外食物在肠道腐败产生的氨以及尿素自体液渗入肠腔产生的氨也可被肠道吸收入体内。由于 NH_3 易透过细胞膜，而 NH_4^+ 不易透过，肠道 pH 值偏高时，对氨的吸收增强。肾小管上皮细胞中的谷氨酰胺酶可将谷氨酰胺水解成谷氨酸与氨，当尿液 pH 值较高时，肾小管上皮细胞对氨的分泌受到影响，导致氨被重吸收进入血液。

氨是一种机体正常代谢的产物，但也是有毒物质。氨是强烈的神经毒物，血液中含1%氨可引起高等动物中枢神经系统尤其是脑组织中毒。人类氨中毒后引起语言障碍、视力模糊，甚至出现昏迷和死亡，所以正常人血氨浓度很低（$27\sim82\ \mu mol/L$）。氨中毒的原因在于高浓度氨会消耗大量 α-酮戊二酸，生成谷氨酸，导致 ATP 生成最主要的代谢途径 TCA 循环无法正常进行，引起脑功能障碍。这种现象多是由于肝功能受损引起的，也称肝昏迷。

动物体内不能大量积累氨，必须把氨排出体外。人类是以溶解度较大的尿素形式排出氨。在体内，氨还可用于酰胺的形成，参与核苷酸和非必需氨基酸的合成，也可以铵盐的形式由尿排出。

二、蛋白质的合成代谢

1. 氨基酸的合成

植物和大部分细菌能合成全部20种氨基酸，而人和其他哺乳类动物只能合成部分氨基酸(非必需氨基酸)。不同氨基酸的生物合成途径不同,但它们都不是以 CO_2 和 H_2O 为起始原料从头合成的,而是起始于三羧酸循环、糖酵解途径、磷酸戊糖途径的中间代谢物。根据起始物的不同,可将氨基酸的合成类型分为以下五种。

(1) α-酮戊二酸衍生类型

某些氨基酸是由三羧酸循环中间产物 α-酮戊二酸衍生来的,例如谷氨酸、谷氨酰胺、脯氨酸、精氨酸。

(2)草酰乙酸衍生类型

某些氨基酸是由草酰乙酸衍生而来的,例如天冬氨酸、天冬酰胺、蛋氨酸、苏氨酸、赖氨酸、异亮氨酸。

(3)丙酮酸衍生类型

由丙酮酸衍生而来的氨基酸主要有丙氨酸、缬氨酸、亮氨酸。

(4)3-磷酸甘油醛衍生类型

属于这种类型的氨基酸有丝氨酸、甘氨酸、半胱氨酸。

(5)磷酸烯醇式丙酮酸和 4-磷酸赤藓糖衍生类型

三种芳香族氨基酸——酪氨酸、苯丙氨酸、色氨酸都属于此种类型。它们的合成起始于磷酸戊糖途径的中间产物 4-磷酸赤藓糖和酵解途径中的中间产物磷酸烯醇式丙酮酸。

2. 蛋白质的生物合成

生物体内蛋白质分子的合成是一个复杂的过程,整个过程可以划分为"转录"和"翻译"两个阶段,这里只是简要说明之。

(1)转录

在细胞核中,以 DNA 分子的一条链为模板合成信使 RNA(mRNA),mRNA 就得到了DNA 上的全部遗传信息,这个过程叫作转录。

(2)翻译

mRNA 携带转录来的遗传信息进入细胞质中,与核糖体 RNA(rRNA)结合。不同的转运 RNA(tRNA)搬运能与之匹配的不同氨基酸,按照 mRNA 的密码顺序,放置在 mRNA 要求的位置上,然后再去搬运相应的氨基酸。被搬运来摆在 mRNA 链处的氨基酸在酶的催化作用下形成多肽链,再在 mRNA 所携带遗传信息的指导下进一步折叠、卷曲等,就基本形成了具有一定立体结构的蛋白质分子。

蛋白质分子在核糖体上的这个合成过程,是 mRNA 完全根据 DNA 的遗传要求进行的,所以称为翻译。

蛋白质的合成是在 DNA 指导下,由 mRNA、tRNA、rRNA 和核糖体共同协调作用的结果。这一过程是在多种酶的催化作用下进行,并且需要消耗能量的极其复杂的过程。

第五节　核酸的代谢

食物核酸可以被消化吸收并发挥营养作用,核酸营养的作用是通过改善各细胞的活力而提高机体各组织、器官和系统的自身功能、自我调节能力,达到最佳综合状态——动态生理平衡。人体摄入核酸能够提高免疫力,抗氧化,降低胆固醇,促进细胞再生与修复,抗放射线和化疗损伤,维持肠道正常菌群,促进蛋白质的吸收。正常成人每天的核酸摄入量为2 g。同时对于嘌呤代谢异常和高尿酸症人群,补充食物核酸会加重症状,因此应持慎重态度。

一、核酸的分解代谢

食物中的核酸多与蛋白质结合为核蛋白,在胃中受胃酸的作用,或在小肠中受蛋白酶作用,分解为核酸和氨基酸。核酸主要在十二指肠由胰核酸酶和小肠磷酸二酯酶降解为单核苷酸(一般称为核苷酸)。

核苷酸由不同的碱基特异性核苷酸酶和非特异性磷酸酶催化,水解为核苷和磷酸。核苷可直接被小肠黏膜吸收,或在核苷酶和核苷磷酸化酶作用下,水解为碱基、戊糖或1-磷酸核糖(1-磷酸戊糖)。

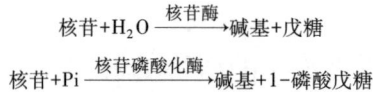

$$核苷+H_2O \xrightarrow{核苷酶} 碱基+戊糖$$

$$核苷+Pi \xrightarrow{核苷磷酸化酶} 碱基+1-磷酸戊糖$$

体内核苷酸的分解代谢与食物中核苷酸的消化过程类似,可降解生成相应的碱基,戊糖或1-磷酸核糖。1-磷酸核糖在磷酸核糖变位酶催化下转变为5-磷酸核糖,成为合成5-磷酸-α-D-核糖-1-焦磷酸(PRPP)的原料。碱基可参加补救合成途径,亦可进一步分解。

1. 嘌呤核苷酸的分解代谢

嘌呤核苷酸可以在核苷酸酶的催化下脱去磷酸成为嘌呤核苷,嘌呤核苷在嘌呤核苷磷酸化酶的催化下转变为嘌呤。嘌呤在嘌呤氧化酶作用下脱氨及氧化生成尿酸,并进一步转化为尿素和乙醛酸,其中尿素在尿酶作用下分解为氨和水。

2. 嘧啶核苷酸的分解代谢

嘧啶核苷酸的分解代谢途径与嘌呤核苷酸相似。首先嘧啶核苷酸通过核苷酸酶及核苷磷酸化酶的作用,分别除去磷酸和核糖,产生的嘧啶碱再进一步分解。嘧啶的分解代谢主要在肝脏中进行。分解代谢过程中有脱氨基、氧化、还原及脱羧基等反应。胞嘧啶脱氨基转变为尿嘧啶。尿嘧啶和胸腺嘧啶先在二氢嘧啶脱氢酶的催化下转化为二氢尿嘧啶和二氢胸腺嘧啶,二氢嘧啶酶催化嘧啶环水解分别生成 β-丙氨酸和 β-氨基异丁酸。β-丙氨酸和 β-氨基异丁酸可继续分解代谢,β-氨基异丁酸亦可随尿排出体外。

二、核酸的合成代谢

除少量微生物外,大多数生物都能在体内合成核酸。但在合成核酸以前,体内首先合成核苷酸。

1. 嘌呤核苷酸的合成

合成嘌呤的前体物为:氨基酸(甘氨酸、天冬氨酸和谷氨酰胺)、CO_2 和某些一碳单位有机物。

体内嘌呤核苷酸的合成有两条途径。

(1)嘌呤核苷酸的从头合成

利用磷酸核糖、氨基酸、一碳单位有机物及 CO_2 等简单物质为原料合成嘌呤核苷酸的过程,称为从头合成途径,是体内的主要合成途径。

体内嘌呤核苷酸的合成过程很复杂,并非先合成嘌呤碱基,然后再与核糖及磷酸结合,而是在磷酸核糖的基础上逐步合成嘌呤核苷酸。嘌呤核苷酸的从头合成主要在胞液中进行,可分为两个阶段:首先合成次黄嘌呤核苷酸(IMP),然后通过不同途径分别生成腺苷酸(AMP)和鸟苷酸(GMP)。

(2)补救合成途径

利用体内游离嘌呤或嘌呤核苷,经简单反应过程生成嘌呤核苷酸的过程,称补救合成(或重新利用)途径。部分组织如脑、骨髓只能通过此途径合成核苷酸。

大多数细胞更新其核酸(尤其是 RNA)的过程中,要分解核酸产生核苷和游离碱基。细胞利用游离碱基或核苷可以重新合成相应核苷酸。与从头合成不同,补救合成过程较简单,消耗能量亦较少,由两种特异性不同的酶参与嘌呤核苷酸的补救合成。

腺嘌呤磷酸核糖转移酶(APRT)催化 PRPP 与腺嘌呤合成 AMP:

$$A+PRPP \rightarrow AMP+PPi$$

次黄嘌呤磷酸核糖转移酶催化 PRPP 与次黄嘌呤合成 IMP:

$$I+PRPP \rightarrow IMP+PPi$$

鸟嘌呤磷酸核糖转移酶催化 PRPP 与鸟嘌呤生成 GMP:

$$G+PRPP \rightarrow GMP+PPi$$

人体由嘌呤核苷的补救合成只能通过腺苷激酶催化,使腺嘌呤核苷生成腺核苷酸。嘌呤核苷酸补救合成是一种次要途径。其生理意义一方面在于可以节省能量及减少氨基酸的消耗;另一方面对某些缺乏主要合成途径的组织,如人的白细胞和血小板、脑、骨髓、脾等,具有重要的生理意义。

2. 嘧啶核苷酸的合成代谢

嘧啶核苷酸合成也有两条途径,即从头合成和补救合成。下面主要论述其从头合成途径。与嘌呤合成相比,嘧啶核苷酸的从头合成较简单。嘧啶核苷酸的合成是先合成嘧啶环,然后再与磷酸核糖相连而成嘧啶核苷酸。

第六节　四类物质代谢之间的相互关系

一、糖类代谢与脂肪代谢之间的相互联系

脂肪的组成成分是甘油和脂肪酸。糖类可以转变成 α-磷酸甘油,也可以转变成脂肪酸,所以糖类能够变成脂肪。糖类变成 α-磷酸甘油的化学步骤是:葡萄糖可以经过糖酵解途径变成磷酸二羟丙酮,磷酸二羟丙酮可以转变成为 α-磷酸甘油。葡萄糖还可以经过糖酵解途径生成丙酮酸,丙酮酸再经过氧化脱羧反应转变成乙酰辅酶 A,乙酰辅酶 A 再经过脂肪酸合成途径可以转变成脂肪酸。脂肪酸和 α-磷酸甘油再经过脂肪合成途径生成脂肪。此外,乙酰辅酶 A 还可以合成胆固醇。

脂肪同样可以转变成糖类。脂肪分解代谢产生的甘油可以经过糖原异生作用变成糖原。由脂肪分子中的脂肪酸分解而成的乙酰辅酶 A 也可以通过三羧酸循环转变成草酰乙酸,然后少量的转变为糖类。此外,油料植物种子在萌发的时候,动用所贮存的大量脂肪,也可以转变成糖类。

二、糖类代谢与蛋白质代谢之间的相互联系

丙酮酸是糖类代谢的重要中间产物。丙酮酸经过三羧酸循环可以变成 α-酮戊二酸,丙酮酸也可以变成草酰乙酸。这三种酮酸可以经过加氨基或转氨基作用,分别变成丙氨酸、谷氨酸和天冬氨酸这三种氨基酸。

蛋白质是由氨基酸组成的,可以在人和动物的体内转变成糖类。蛋白质分解成氨基酸,氨基酸再经过脱氨基作用可以转变为 α-酮酸(如丙氨酸转变成丙酮酸,谷氨酸转变成 α-酮戊二酸,天冬氨酸转变成草酰乙酸),α-酮酸再经过一系列变化转变成糖类。现在已经知道,几乎所有组成蛋白质的天然氨基酸都可以转变成糖类。

三、脂类代谢与蛋白质代谢之间的相互联系

一般来说,在动物体内不容易利用脂肪酸合成氨基酸。在植物和微生物体内存在着乙醛酸循环:很多油料植物的种子和利用醋酸、石油烃类物质的微生物,则可能通过这条途径,利用脂肪酸和氮源生成氨基酸。

有些氨基酸如苯丙氨酸、酪氨酸、亮氨酸、异亮氨酸等可以在代谢过程中生成乙酰辅酶 A,再沿着脂肪酸合成途径生成脂肪酸。一些能够转化成糖类的氨基酸可以直接或间接地转化成丙酮酸,丙酮酸可以转变成甘油,也可以在转化成乙酰辅酶 A 以后再转化成脂肪酸。

四、核酸与其他物质代谢的相互关系

体内许多核苷酸在代谢中起着重要作用。例如,ATP 是能量和磷酸基团转移的重要物

质,还参与植物的淀粉合成;UTP 参与糖原的合成;CTP 参与磷脂的合成;GTP 为蛋白质合成提供能量。许多辅酶或辅基是核苷酸的衍生物,如 NAD^+、$NADP^+$、FAD、FMN 等。

核苷酸的嘌呤和嘧啶环是由氨基酸提供原料而形成的,如甘氨酸、谷氨酰胺、天冬氨酸和氨、四氢叶酸携带的一碳单位等。核苷酸的核糖来自于磷酸戊糖途径。除核苷酸合成所需的部分 CO_2 可由脂类代谢生成外,脂类与核酸代谢无明显关系。

核酸是细胞内的重要遗传物质,可通过基因表达的调节,控制蛋白质的生物合成,而影响着其他物质代谢的方式和强度。其他物质又为核酸及其衍生物的合成提供原料,相互有着密切的联系。糖类、脂类、蛋白质及核酸代谢的相互关系如图 9-10 所示。

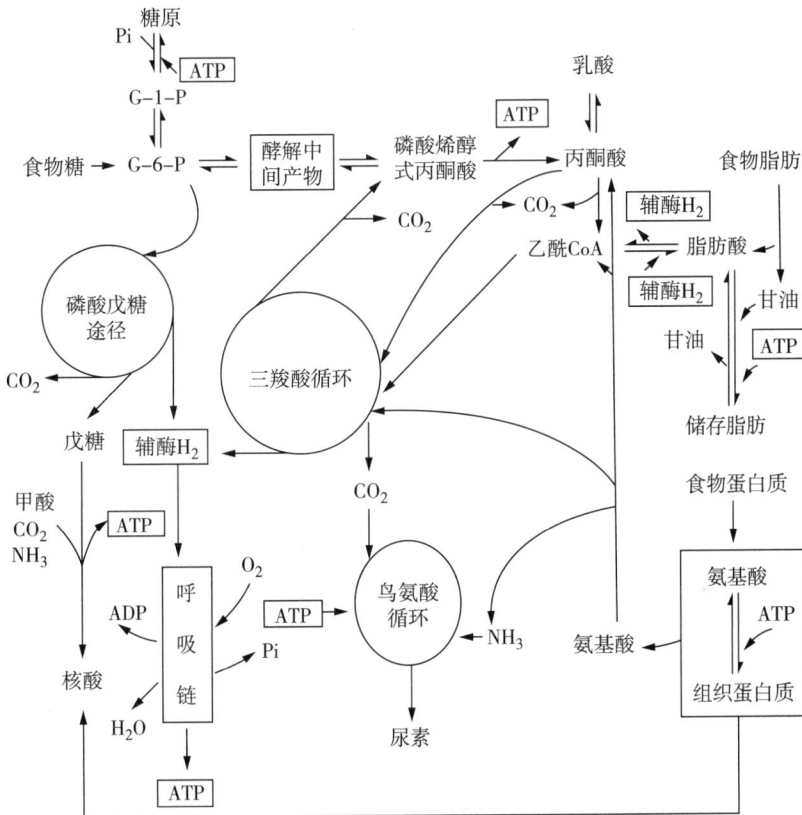

图 9-10 糖类、脂类、蛋白质及核酸代谢的相互关系

第七节 动植物食品原料中组织代谢活动的特点

食品的原料有动物性原料和植物性原料。动植物食品原料组织中代谢活动的特点对于食品原料的保鲜和保藏具有重要的意义,与食品加工和品质密切相关。

宰杀或采摘后的动植物食品原料,在生物学上虽然都已经死亡或离开母体,但仍然具有活跃的生物化学活性。但这种生物活性的方向、途径、强度则与整体生物有所不同。

一、动物宰杀后组织中的代谢活动

1. 动物死亡后代谢的一般特征

动物宰杀后有氧呼吸变为有无氧呼吸,物质代谢主要向分解代谢方向进行。动物生存时,其代谢保持一定的协调性,但死亡之后,血液循环停止,代谢破坏,发生特有的生化过程,直至由于酶作用进行自身消化,进而引起细菌繁殖发生腐败为止。动物死亡后的生物化学与物理变化过程可以划分为 3 个阶段。

(1)尸僵前期

在这个阶段,ATP 及磷酸肌酸含量下降,无氧呼吸即酵解作用活跃。肌肉组织柔软、松弛,无味。

(2)尸僵期

哺乳动物死亡后,僵化开始于死亡后 8~12 h,经 15~20 h 后终止;鱼类死后僵化开始于死后 1~7 h,持续时间 5~20 h 不等。在此时期磷酸肌酸消失,ATP 含量下降,肌肉中的肌动蛋白及肌球蛋白逐渐结合,形成没有延伸性的肌动球蛋白,肌肉呈僵硬强直的状态,持水力小,即尸僵。

此期的猪肉在加工时,肉质坚硬干燥、无肉香味儿,不易烧烂,吃起来不香,也不易消化。

(3)尸僵后期

此阶段由于组织蛋白酶的活性作用而使肌肉蛋白质发生部分水解,水溶性肽及氨基酸等非蛋白氮增加。肌肉表现为尸僵缓解,再度软化,持水力增加,肉的食用质量达到最佳适口度,通常称为肉的成熟。烹调时能发出肉香,也容易烧烂和消化。

2. 动物死亡后组织呼吸途径的转变及重要物质的变化

(1)呼吸途径的转变

正常生活的动物体内,虽然并存着有氧和无氧呼吸两种方式,但主要的呼吸过程是有氧呼吸。动物宰杀后,血液循环停止而供氧也停止,组织呼吸转变为无氧的酵解途径,最终产物为乳酸。

(2)组织中糖原降解的途径

死亡动物组织中糖原降解有两条途径:水解途径和磷酸解途径。在哺乳动物肌肉内,第二途径是主要过程;在鱼类体中,第一途径是主要过程。

(3)组织中重要物质的变化

①ATP 含量显著降低。屠宰后的肌肉,由于呼吸途径由原来的有氧呼吸为主转变为无氧酵解,ATP 的生成量显著降低。组织中的 ATP 水平随着磷酸肌酸(贮能形式)的消耗及 ATP 的降解而加速减少。

②风味物质的生成与增加。刚屠宰后的肉,软而无味;僵直中的肉硬、持水力小,故汁液分离多;僵直分解后的肉再度软化,持水力增加,随着 ATP 降解产生的肌苷酸增加以及组织蛋白酶的分解作用,蛋白质自溶,产生的游离氨基酸增加,使肉的风味提高。

③pH 值下降。动物被屠宰后,肌肉的 pH 值立即下降,这主要是因为伴随糖原无氧酵解,组织中乳酸增多。除乳酸之外,ATP 降解生成的无机磷酸也是使肉的 pH 值下降的原因之一。温血动物宰杀后 24 h 内肌肉组织的 pH 值由正常生活时的 7.2~7.4 降至 5.3~5.5。随着乳酸的生成积累,pH 值下降,其酸性极限约为 5.3。鱼类死后肌肉组织的 pH 值大都比温血动物高,在完全尸僵时甚至可达 6.2~6.6。

屠宰后 pH 值受屠宰前动物体内糖原贮量的影响。若屠宰前动物曾强烈挣扎或运动,则体内糖原含量变少,宰后 pH 值也较高,牲畜可达 6.0~6.6,鱼类甚至可达 7.0。宰后动物肌肉保持较低的 pH 值有利于抑制腐败细菌的生长,保持肌肉色泽。

④蛋白质的变化。蛋白质对于温度和 pH 都很敏感,由于动物肌肉组织中的酵解作用,在一段时间内,肉尸组织中的温度升高(牛胴体的温度可由死亡前的 37.6℃ 上升到 39.4℃),pH 降低,肌肉蛋白质很容易因此而变性,对于一些肉糜制品如午餐肉等的品质将带来不良的影响。因此大型屠宰场中要将肉胴体清洗干净后立即放在冷却室中冷却。

肌肉蛋白质变性。肌动蛋白及肌球蛋白是动物肌肉中主要的两种蛋白质,在尸僵前期两者是分离的。随着 ATP 浓度降低,肌动蛋白及肌球蛋白逐渐结合成没有弹性的肌动球蛋白,这是尸僵发生的一个主要标志。在这时煮食,肉的口感特别粗糙。

肌肉纤维里还存在一种液态基质即肌浆,肌浆中的蛋白质最不稳定。在屠宰后由于温度升高 pH 值降低,蛋白质就很容易变性,牢牢贴在肌原纤维上,因而肌肉上呈现一种浅淡的色泽。

肌肉蛋白质持水力变化。肌肉蛋白质在尸僵前具有高度的持水力,随着尸僵的发生,在组织中 pH 值降到最低点时(pH 值为 5.3~5.5),持水力也降至最低点。尸僵后肌肉的持水力又有所回升,其原因是尸僵缓解过程中,肌肉中的钠、钾、钙、镁等离子的移动造成蛋白质分子电荷增加,从而有助于水合离子的形成。

尸僵的缓解与肌肉蛋白质的自溶。尸僵缓解后,肉的持水力及 pH 较尸僵期有所回升,触感柔软,煮食时风味好,嫩度提高。这些变化与组织蛋白酶的作用有关。宰后动物随着 pH 的降低和组织破坏,原处于非活化状态的组织蛋白酶被释放出来,对肌肉蛋白质起分解作用。组织蛋白质的分解对象以肌浆蛋白质为主。在组织蛋白酶的作用下,肌浆蛋白质部分分解成肽和氨基酸游离出来,这些肽和氨基酸是构成肉浸出物的成分,它与加工中肉的香气形成和鲜味有关,因而使肉的风味得以改善。

二、植物采收后组织中的代谢活动

在生长发育中的植株中,主要的生理过程有光合作用、吸收作用(水分及矿物盐的吸收)和呼吸作用,在强度上以前两者为主。采收后的新鲜水果、蔬菜仍然具有活跃的生理活动,并且很大程度上是在母株上发生过程的继续。但是,采收后的水果蔬菜与整株植物的新陈代谢具有显著不同的特点。这首先表现在生长中的整株植物中同时存在着两种过程:一方面是同化(合成)作用,另一方面是异化(分解)作用。而在采收后的水果、蔬菜中,由于切断了养料供应的来源,组织细胞只能利用内部贮存的营养来进行生命活动,主要表现为异化(分解)作用。

1. 采收后水果、蔬菜组织的呼吸

(1)呼吸途径

在植物组织中,呼吸作用的基本途径包括酵解、三羧酸循环及磷酸戊糖途径等历程。在未发育成熟的植物组织中,几乎整个呼吸作用都通过酵解、三羧酸循环这一代谢主流途径进行。在组织器官发育成熟以后,则整个呼吸作用中有相当大的部分被磷酸戊糖途径所代替。

(2)呼吸强度

不同种类植物的呼吸强度不同,同一植物不同器官的呼吸强度也不同。各器官具有的构造特征也在它们的呼吸特征中反映出来。

叶片组织的构造特征表现在其结构有很发达的细胞间隙,气孔多,表面积大,因而叶片随时受到大量空气的洗刷,表现出两个重要的呼吸特征:呼吸强度大;叶片内部组织间隙中的气体按其组成很近似于大气。正因为叶片的呼吸强度大,所以叶菜类不易在普通条件下保存。

肉质的植物组织由于不易透过气体,所以呼吸强度比叶片组织低。组织间隙气体组成中 CO_2 比大气中多,而 O_2 则稀少得多。组织间隙中的 CO_2 是呼吸作用产生的,由于气体交换不畅而滞留在组织中。

组织间隙气体的存在,给果蔬的罐藏加工带来以下问题:由于组织间隙中 O_2 的存在而发生氧化作用,使产品褐变;在罐头杀菌时因气体受高温而发生物理性的膨胀;影响罐头内容物的沥干。生产实践中排除水果、蔬菜组织间隙气体的方法有两种:热烫法和用真空渗入法。

2. 果蔬成熟的过程

在食品学的意义上,果蔬成熟是指其生长到最佳可食程度。果实成熟后被采摘,光合作用停止,养料来源丧失,细胞内的糖类、蛋白质、维生素等有机物继续发生着生物化学变化,以分解为主,合成为辅。

①糖类物质的变化。果蔬成熟及贮藏过程中,糖类的变化规律是:

多糖 ──	低聚糖	单糖	单糖消耗
(淀粉含量多,不甜)	(甜)	(甜)	(不甜且腐败)

块茎类果蔬淀粉的合成在采摘前后始终处于支配地位。

②蛋白质的变化。果蔬成熟过程中,氨基酸与蛋白质代谢总的趋势是降解占优势。果蔬贮藏过程中蛋白质最终降解为氨基酸,氨基酸在呼吸作用下彻底分解。

③色素物质及鞣质的变化。绿色由于叶绿素降解而消失,类胡萝卜素和花青素逐渐形成而显红色或橙色。幼嫩果实常因含多量鞣质而呈强烈涩味,在成熟过程中涩味逐渐消失。

④果胶物质的变化。多汁果实的果肉在成熟过程中变软。由于果胶酶活性增大,将果肉组织细胞间的不溶性果胶物质分解,果肉细胞失去相互间的联系而分离。

⑤芳香物质形成。芳香物质是一些醛、酮、醇、酸、酯类物质,其形成过程常与大量氧的吸收有关,是成熟过程中呼吸作用的产物。

⑥维生素 C 积累。果实通常在成熟期间大量积累维生素 C。维生素 C 是己糖的氧化衍生物,与成熟过程中的呼吸作用有关。

⑦糖酸比的变化。多汁果实在发育初期,从叶子流入果实的糖分在果肉组织细胞内转化为淀粉而贮存,因而缺乏甜味,而有机酸的含量则相对较高。随后随着温度的降低,淀粉又转变为糖,而有机酸则优先作为呼吸底物被消耗掉,因此,糖分与有机酸的比例即上升。糖酸比是衡量水果风味的一个重要指标。

【实验实训】

实验实训十 脂肪转化为糖的定性实验

一、实验目的要求

学习和了解生物体内脂肪转化为糖的过程和检验方法。

二、实验原理

糖和脂肪的代谢是相互联系的,它们可以相互转化。例如种子发芽时脂肪转化为糖,然后进一步转化为一些中间物或放出能量,供生命活动之需。本实验以休眠的蓖麻种子和蓖麻的黄化幼苗为材料,定性地了解蓖麻种子内贮存的大量脂肪转化为黄化幼苗中还原糖的现象。

三、原料与器材

实验材料:蓖麻籽、蓖麻的黄化幼苗(在 20℃暗室中培养 8 d)。

仪器:试管及试管架、试管夹、研钵、白瓷板、烧杯(100 mL)、小漏斗、吸量管、吸量管架、量筒、水浴锅、铁三角架、石棉网。

四、试剂

1. 斐林试剂

试剂 A(硫酸铜溶液):将 34.5 g 结晶硫酸铜($CuSO_4 \cdot 5H_2O$)溶于 500 mL 蒸馏水中,加 0.5 mL 浓硫酸,混匀。

试剂 B(酒石酸钾钠碱性溶液):将 125 g 氢氧化钠和 137 g 酒石酸钾钠溶于 500 mL 蒸馏水中,贮于带橡皮塞的瓶内。

用时将试剂 A 与试剂 B 等量混合。

2. 碘化钾—碘溶液（碘试剂）

将碘化钾 20 g 及碘 10 g 溶于 100 mL 水中。使用前需稀释 10 倍。

五、操作步骤

取 5 粒蓖麻子，剥去外壳，放在研钵中碾碎成匀浆。取少量种糊放在白瓷板上，加 1 滴碘化钾—碘溶液，观察有无蓝色产生。

将剩下的种糊放在小烧杯中，加入 50 mL 蒸馏水，直接加热煮至沸腾，过滤。取 1 支试管，加入 1 mL 滤液和 2 mL 斐林试剂，混匀，在沸水中煮 2~3 mim，观察是否出现红色沉淀。

另取 5 棵黄化幼苗，按上述方法碾碎，少许用于碘化钾—碘溶液检查，余下的用蒸馏水进行热提取，滤液与斐林试剂反应（操作同上），观察有无红色沉淀生成。

解释各步现象产生的原因。

【思考与练习】

一、选择题

1. TCA 循环中发生底物水平磷酸化的化合物是（　　）。

A. α-酮戊二酸　　　　B. 琥珀酸　　　　C. 琥珀酰 CoA　　　　D. 苹果酸

2. 生物体内主要的呼吸链有（　　）。

A. 2 条　　　　　　　B. 4 条　　　　　　C. 6 条　　　　　　D. 3 条

3. TCA 循环发生在（　　）。

A. 胞质　　　　　　　B. 高尔基体内　　　C. 线粒体内　　　　D. 中心体内

4. 经过呼吸链氧化的终产物是（　　）。

A. H_2O　　　　　　　B. H_2O_2　　　　　　C. O^{2-}　　　　　　D. CO_2

5. 1 mol 乙酰辅酶 A 经 TCA 和呼吸链可产生的 ATP 摩尔数为（　　）。

A. 10　　　　　　　　B. 11　　　　　　　C. 12　　　　　　　D. 14

6. 动物死亡后，组织中原有的生化活动（　　）。

A. 立即停止　　　　　　　　　　　　B. 直到动物腐烂掉以后停止

C. 由原来的生化变化衍变为动物的腐烂过程

D 一直延续到组织中的酶因自溶作用完全失活为止

7. 动物肉的最佳适口度是在（　　）。

A. 尸僵前期　　　　　B. 尸僵期　　　　　C. 尸僵后期　　　　D. 宰杀后立即烹调

8. 动物屠宰后 pH（　　）。

A. 不变　　　　　　　B. 升高　　　　　　C. 下降　　　　　　D. 先下降再升高

9. 采收后的果蔬其代谢过程（　　）。

A. 主要是同化作用　　　　　　　　　B. 主要是异化作用

C. 既有同化作用也有异化作用　　　　D. 以上说法都不对

10. 肉质的植物组织比叶片植物组织呼吸强度（　　　）。

A. 高　　　　　　　　B. 低　　　　　　　　C. 相同

二、判断题（在题后括号内将正确答案打√,错误答案打上×)

1. 生物体内的新陈代谢产生多种高能磷酸化合物,其中最重要的是三磷酸腺苷。（　　　）

2. 糖、脂肪、蛋白质完全氧化生成二氧化碳、水一定需要氧的参与。（　　　）

3. 糖的无氧酵解过程中把丙酮酸转变成乳酸的酶是乳酸脱氢酶。（　　　）

4. 糖的有氧氧化和无氧酵解过程中都经历的共同的途径是葡糖糖降解为丙酮酸。（　　　）

5. 糖异生途径就是葡萄糖四种分解代谢途径以外的分解代谢途径。（　　　）

6. 脂肪酸经β-氧化的最终产物是二氧化碳、水和三磷酸腺苷。（　　　）

7. 糖类物质和脂类物质都是机体获得能量的重要来源。（　　　）

8. 合成体内甘油磷酯所需要的甘油和脂肪酸主要由糖代谢转化而来。（　　　）

9. 部分氨基酸可在氨基酸脱羧酶作用下进行脱羧基作用,生成相应的氨。（　　　）

10. 在一般生理条件下,糖与脂肪都能较容易地相互转化。（　　　）

三、简答题

1. 新陈代谢的类型与特点分别是什么?

2. 生物氧化是如何定义的? 它的特点如何?

3. 生物氧化过程中,二氧化碳和水是如何生成的? 能量的变化过程如何?

4. 糖的分解代谢有哪些途径?

5. 简述葡萄糖酵解过程。

6. 完成一次三羧酸循环需经历 1 次底物水平磷酸化、2 次脱羧反应、3 个关键酶促反应、4 次氧化脱氢反应。请具体写出这些反应的反应式。

7. 简述糖酵解途径和三羧酸循环的意义。

8. 脂肪是如何被降解的?

9. 何谓脂肪酸的β-氧化? 其途径如何?

10. 嘌呤核苷酸、嘧啶核苷酸的合成途径如何?

11. 氨基酸的分解代谢途径有哪些?

12. 氨基酸的合成途径有哪几种?

13. 动物屠宰后肌肉中蛋白质的变化有哪些特点?

14. 水果蔬菜成熟过程中发生哪些生物化学变化?

参考文献

[1]李丽娅.食品生物化学[M].北京:高等教育出版社,2005.

[2]潘宁,杜克生.食品生物化学[M].北京:化学工业出版社,2018.

[3]江波.食品化学[M].北京:化学工业出版社,2005.

[4]夏延斌.食品化学[M].北京:中国轻工业出版社,2004.

[5]李晓华.生物化学[M].北京:化学工业出版社,2005.

[6]王永祥.生物化学[M].上海:上海交通大学出版社,2001.

[7]杨荣武.生物化学原理[M].北京:高等教育出版社,2006.

[8]宁正详.食品生物化学[M].广州:华南理工大学出版社,2006.

[9]李培青.食品生物化学[M].北京:中国轻工业出版社,2007.

[10]于泓,牟世芬.氨基酸分析方法的研究进展[J].分析化学,2005(3):112-118.

[11]邢健,李巧玲,耿涛华.氨基酸分析方法的研究进展[J].中国食品添加剂,2012
    (5):187-191.

[12]杨玉红.食品生物化学[M].武汉:武汉理工大学出版社,2018.

[13]孙延春,方北曙.食品化学[M].武汉:武汉理工大学出版社,2011.

[14]杨玉红.食品化学(第二版)[M].北京:中国轻工业出版社,2016.

[15]张峰,蔡云飞.食品生物化学[M].北京:中国轻工业出版社,2015.

[16]郝涤非.食品生物化学[M].大连:大连理工大学出版社,2014.